操作系统
与应用服务安全管理

主　编：凌洪兴　　副主编：徐继朋　贾照卿

华东师范大学出版社

图书在版编目(CIP)数据

操作系统与应用服务安全管理/凌洪兴,金建平,徐继明主编. —上海:华东师范大学出版社,2019
 ISBN 978-7-5675-9056-4

Ⅰ.①操… Ⅱ.①凌… ②金… ③徐… Ⅲ.①操作系统-安全管理-中等专业学校-教材 Ⅳ.①TP316

中国版本图书馆 CIP 数据核字(2019)第 095794 号

操作系统与应用服务安全管理

主　　编　凌洪兴
责任编辑　蒋梦婷
特约审读　甘毓蓉
责任校对　王　琳
装帧设计　庄玉侠

出版发行　华东师范大学出版社
社　　址　上海市中山北路 3663 号　邮编 200062
网　　址　www.ecnupress.com.cn
电　　话　021-60821666　行政传真 021-62572105
客服电话　021-62865537　门市(邮购)电话 021-62869887
地　　址　上海市中山北路 3663 号华东师范大学校内先锋路口
网　　店　http://hdsdcbs.tmall.com/

印 刷 者　常熟高专印刷有限公司
开　　本　787×1092　16 开
印　　张　15.75
字　　数　355 千字
版　　次　2020 年 7 月第 1 版
印　　次　2020 年 7 月第 1 次
书　　号　ISBN 978-7-5675-9056-4
定　　价　48.00 元

出 版 人　王　焰

(如发现本版图书有印订质量问题,请寄回本社客服中心调换或电话 021-62865537 联系)

前　言

QIANYAN

　　本书适用于中等职业学校网络技术和信息安全相关专业的学生,可作为实训指导教材学习使用,同时适合喜爱信息安全管理的初学者作为入门学习的自学参考书籍。

　　通过本书的学习,读者能掌握安全管理人员所应具备的基本安全技术能力。可以使读者掌握信息收集的方法和策略;掌握对主机进行安全加固的安全技术;掌握不同平台上 WEB 服务器的加固安全技术;了解渗透后攻击者会采取的安置后门和清除痕迹的手段,从而知晓针对主机、WEB 应用服务等进行安全管理与安全配置的方法。

　　本书内容的组织以等级保护对系统安全的基本要求为主线。第1、第2章介绍了针对 WINDOWS 系统与 LINUX 系统进行信息收集的方法与技术,从而使读者养成良好的信息安全管理习惯。第3—8章是本书的核心内容,介绍了系统账户安全管理、系统补丁管理、系统文件管理与授权、系统日志管理的安全基本要求与安全设置的基本技能。第9、第10章是 WEB 应用安全,介绍针对 WEB 服务器的安全加固措施和方法。

　　本书建议采用理实一体化教学,课时72学时。

目录

1 安装 VMware Workstation　　1
1.1　单元主要任务　　2
1.2　单元内容提示　　2
1.3　安装 VMware Workstation　　2
1.4　分配虚拟机资源　　8
1.5　安装 Kali Linux 2.0　　14
1.6　安装 VMware Tools　　22

2 收集系统的信息　　27
2.1　单元主要任务　　28
2.2　单元内容提示　　28
2.3　收集 Windows 系统信息　　28
2.4　收集 Linux 系统信息　　35

3 系统补丁管理　　43
3.1　单元主要任务　　44
3.2　单元内容提示　　44
3.3　Windows 系统补丁自动更新　　44
3.4　WSUS 服务配置　　47
3.5　Linux 系统补丁手动更新　　60
3.6　Linux 系统补丁自动更新　　64

4 操作系统账户管理　　71
4.1　单元主要任务　　72
4.2　单元内容提示　　72
4.3　Windows 系统账号管理　　72
4.4　Linux 系统账号管理　　76
4.5　Windows 系统隐藏账号设置　　78
4.6　Linux 后门账户发现　　83
4.7　Windows 系统修改密码策略　　85

4.8　Linux 系统修改密码策略　89

5　Windows 授权和系统安全配置　93

5.1　单元主要任务　94
5.2　单元内容提示　94
5.3　检查 Windows 授权　94
5.4　Windows 系统安全设置　98

6　NTFS 文件权限设置　105

6.1　单元主要任务　106
6.2　单元内容提示　106
6.3　创建文件和用户　106
6.4　分配和检查访问权限　110

7　Linux 文件权限设置　115

7.1　单元主要任务　116
7.2　单元内容提示　116
7.3　设置目录权限　116
7.4　设置 Umask　120

8　文件打印和删除审核　125

8.1　单元主要任务　126
8.2　单元内容提示　126
8.3　增加文件删除审核　126
8.4　增加文件打印审核　129

9　使用 IIS 架设 Web 服务　135

9.1　单元主要任务　136
9.2　单元内容提示　136
9.3　安装 IIS 服务器　136
9.4　IIS 安全加固　139
9.5　配置 HTTPS 访问　153

10　Linux 平台下的常见 Web 服务器　159

10.1　单元主要任务　160

10.2	单元内容提示	160
10.3	Apache 安装和加固	160
10.4	Tomcat 安装和加固	171
10.5	Nginx 安装和加固	180

附录 A 操作系统安全　　　　191

A.1	操作系统安全机制设计	193
A.2	操作系统安全配置要点	198
A.3	标识与鉴别	200
A.4	访问控制	202
A.5	用户账户控制	203
A.6	安全审计	204
A.7	Windows XP 安全设置参考	205
A.8	标识与鉴别	208
A.9	访问控制	209
A.10	安全审计	211
A.11	文件系统	212
A.12	特权管理	213
A.13	Linux 安全设置参考	213
A.14	安全操作系统研究概况	219
A.15	安全操作系统设计的原则	220
A.16	SELinux 简介	221

附录 B 应用安全　　　　223

B.1	常见应用安全威胁	225
B.2	OSI 通信协议应用安全防护要点	227
B.3	等级保护规范应用安全防护要点	228
B.4	Web 应用安全问题产生的原因	230
B.5	Web 程序安全开发要点	233
B.6	Web 服务运行平台安全配置	233
B.7	IE 浏览器安全配置参考	236
B.8	Web 安全防护产品介绍	237
B.9	电子邮件安全	239
B.10	FTP 安全	240
B.11	域名应用安全	241
B.12	Office 字处理程序安全防护要点	242
B.13	即时通信软件安全防护要点	243

1 安装 VMware Workstation

1.1 单元主要任务

小唐刚刚加入一家公司,在运维团队中担任系统运维工程师一职,部门主管交代了一项工作任务,需要其为销售部门主管的笔记本(操作系统 Windows 10)配置 VMware Workstation,并创建 Kali 和 Windows Server 2008 R2 的虚拟机镜像,方便销售主管对外展示公司的软件产品。

1.2 单元内容提示

通过本单元的学习,能够初步了解虚拟机的概念,同时能够在本地计算机上,通过虚拟机软件安装指定的操作系统,并为虚拟机创建快照。

本章的主要内容包括:
(1) 安装 VMware workstation。
(2) 创建 Windows Server 2008 R2 虚拟机。
(3) 安装 VMware Tools。
(4) 创建虚拟机快照。

1.3 安装 VMware Workstation

1.3.1 任务描述

小唐很快从公司的软件包中,找到了 VMware Workstation 12 的 Windows 安装包,(/tools/VMware),发现提示其为 X64 安装包。(注:此指软件必须要安装在 X64 的操作系统上)

1.3.2 任务分析

通过阅读安装手册,小唐知道需要配置以下内容:
(1) 在 BIOS 中打开虚拟化支持。
(2) 检查是否是安装的 64 位的操作系统。

（3）输入一个产品授权序列号。

1.3.3 方法与步骤

步骤一：打开 BIOS 中的虚拟化支持

Virtualization Technology(VT)，中文译为虚拟化技术，英特尔（Intel）和 AMD 的大部分 CPU 均支持此技术，分别称为 VT－x、AMD－V。VT 功能开启之后对虚拟机（如：VMware、Hyper－V、VirtualBox）的性能有非常大的提高。设置该功能需要进入 BIOS 进行操作，由于厂商的原因，不同品牌计算机进入 BIOS 的方法都不太一样，可以参考以下按键进入不同品牌计算机的 BIOS。这些按键是：F1、F2、F8、F11、F12、ESC、DELETE。

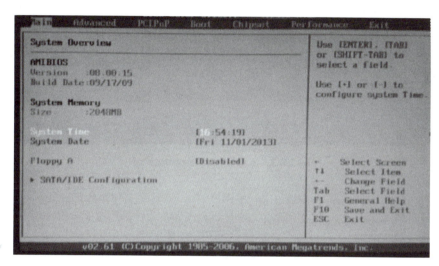

图 1.3.3－1　进入 BIOS

每台计算机开启 VT 方法也不太一样，需要查询各个主板的用户手册。这里演示查找 CPU Configuration，如图 1.3.3－2 所示。

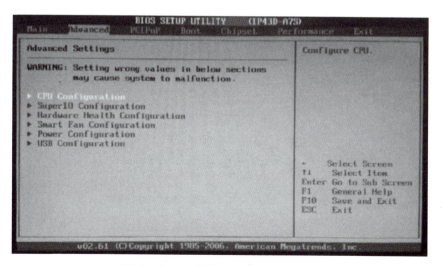

图 1.3.3－2　查找 CPU Configuration

在图中"Advanced"菜单中,选择"CPU Configuration"选项,按回车键进入,选中"Hardware prefetcher"选项,按回车使其设为"Enabled",即打开了虚拟化选项。在许多计算机中这项也称之为VT-X。如图1.3.3-3所示。

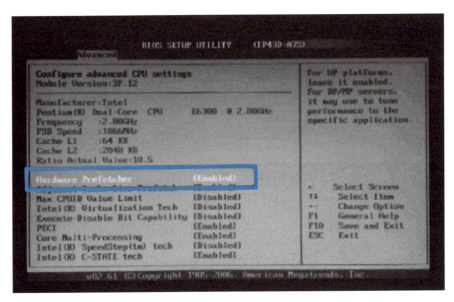

图1.3.3-3 Hardware prefetcher

步骤二 安装 VMware Workstation Pro

打开VMware Workstations Pro 12 的安装程序,如图1.3.3-4所示。

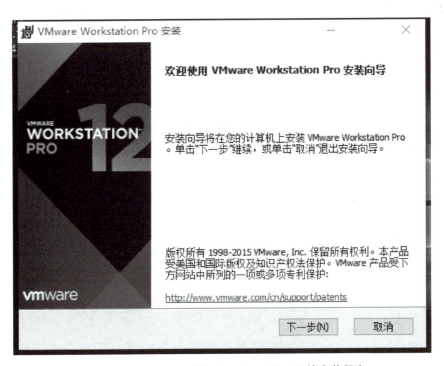

图1.3.3-4 VMware Workstations Pro 12 的安装程序

在出现的最终用户许可协议对话框中,选择同意用户协议,如图1.3.3-5所示,单击"下一步"按钮。

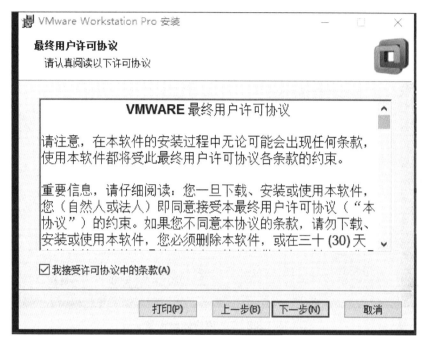

图1.3.3-5　最终用户许可协议对话框

接下来,我们可以设置软件的安装位置。根据需要,还可选择是否安装增强型键盘驱动,默认选择不安装,如图1.3.3-6所示,单击"下一步"按钮。

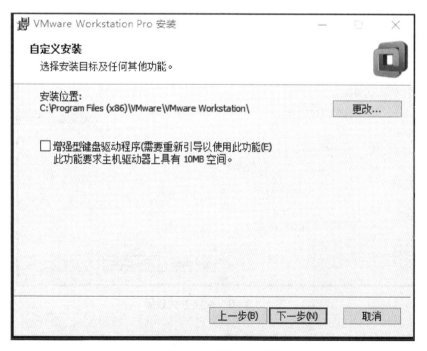

图1.3.3-6　选择安装位置

根据需要进行用户体验设置,如图 1.3.3‐7 所示,单击"下一步"按钮。

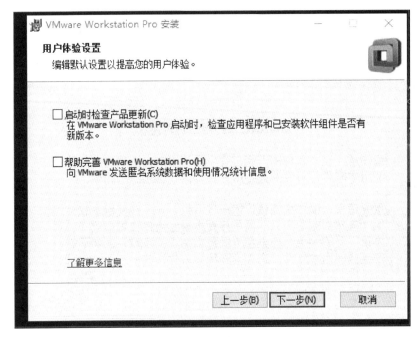

图 1.3.3‐7　用户体验设置

按默认设置无须选择,直接单击"下一步"按钮,进入快捷方式设置,如图 1.3.3‐8 所示。

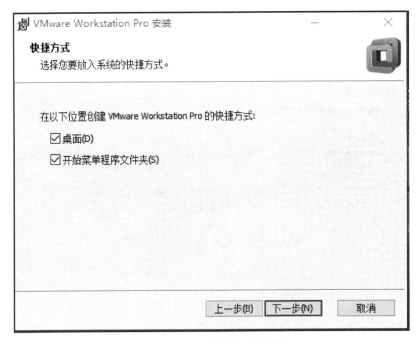

图 1.3.3‐8　快捷方式设置

按图进行选择后,单击"下一步"按钮,进入"许可证界面",如图 1.3.3‐9 所示。
输入正确许可证密钥后,便完成安装,如图 1.3.3‐10 所示。

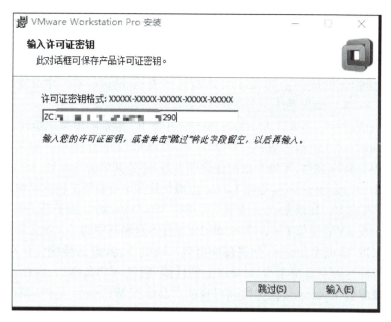

图 1.3.3‑9　输入许可证密钥

图 1.3.3‑10　完成安装

1.3.4　拓展与提高

虚拟化的含义丰富,应用广泛。目前虚拟化技术主要关注于服务器虚拟化,即在一个宿主计算机上提供多个独立操作系统。经常听到的虚拟化技术名词包括 Xen、KVM、VMware、Hyper‑V。

对计算机进行虚拟化就是要将计算机以多台计算机或一台完全不同的计算机的形式呈现出来,也可以将多台计算机以一台计算机的形式呈现出来,这项技术我们通常称为服务器聚合或网格计算。

常用的虚拟化软件中，Xen 和 KVM 是开源免费的虚拟化软件，VMware 是付费的虚拟化软件。

Linux KVM 是第一个集成到主流 Linux 内核中的虚拟化技术。通过一个可加载的内核模块，运行于可虚拟化的硬件上的 Linux 内核可以充当 hypervisor 并可支持未经修改的 Linux 和 Windows 客户操作系统。

Hyper–V 比较特别，是微软 Windows Server 2008 R2 附带的虚拟化组件，如果你购买了足够的授权，Hyper–V（包括 Hyper–V 2008 core）都可以免费使用。如果是 VMware 或 Hyper–V 虚拟 Windows 系统，不管是虚拟化软件本身，还是其中的子系统，都需要支付许可费用。如果是 VMware 或 Hyper–V 虚拟 Linux，虚拟化软件本身需要支付许可费用，子系统可以用 Linux 从而节省成本。如果是 Xen 或 KVM 虚拟 Windows，其中的子系统需要支付许可费用。如果是 Xen 或 KVM 虚拟 Linux，那么虚拟化软件本身和其中的子系统无须产生任何费用。

从性能上来讲，虚拟 Windows 如果都能得到厂商的支持，那么性能优化可以不用担心，这几款软件全都能达到主系统至少 80% 以上的性能（磁盘、CPU、网络、内存）。这时建议使用 Hyper–V 来虚拟 Windows，因为微软自身的产品虚拟 Windows 是绝对有优势的。如果是虚拟 Linux，建议首先使用 Xen。支持 Linux 的半虚拟化，可以直接使用主系统的 CPU、磁盘以及网络资源，达到较少的虚拟化调度操作，得到较高的性能。但是缺点在于 Xen 操作比较复杂，维护成本较高。其次我们推荐 KVM 来虚拟 Linux，Linux 本身支持 KVM 的 virtio 技术，可以达到少量的虚拟化调度操作，得到较高的系统性能。不推荐使用 Hyper–V 来虚拟 Linux，因为太多的不兼容性导致 Linux 基本无法在 Hyper–V 运行。

1.3.5　思考与练习

为什么虚拟化如此重要？虚拟化有哪些优点？

1.4　分配虚拟机资源

1.4.1　任务描述

小唐继续阅读安装手册，手册提示在安装虚拟机操作系统之前，需要规划一下虚拟机占用的物理资源，如内存大小、CPU 的核心数量、硬盘空间、网络资源等。一般根据经验，虚拟机资源一般不要超过宿主机的 70% 的性能。

1.4.2　任务分析

小唐在这个任务中，需要新建一台虚拟机，并为这台虚拟机设定以下参数：
（1）为虚拟机创建一个名称。
（2）为虚拟机选择一个存储位置。
（3）分配内存、硬盘、CPU、和网络资源。

1.4.3 方法与步骤

步骤一：创建新的虚拟机

选择"自定义（高级）"选项，单击"下一步"按钮，如图 1.4.3－1 所示。

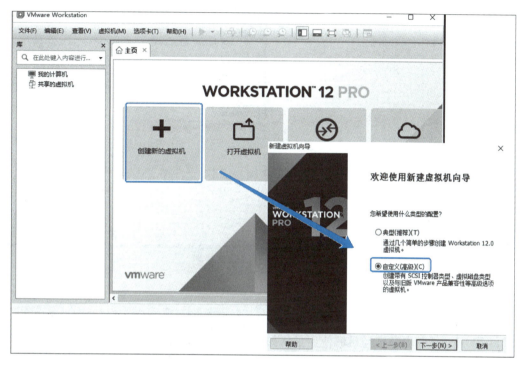

图 1.4.3－1 新建虚拟机

步骤二：选择硬件兼容性

一般在选择虚拟机兼容性的时候使用默认配置即可。

在选择安装客户机操作系统的时候一般选择稍后安装，这样可以避免使用到 VMware 的自动安装系统脚本，单击"下一步"按钮。如图 1.4.3－2 所示。

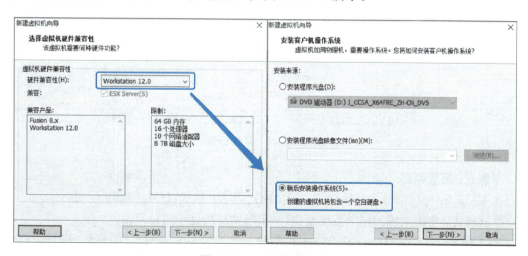

图 1.4.3－2 配置兼容性

步骤三：选择客户机系统类型和名称配置信息

在选择操作系统的时候一定要根据实际的情况选择所对应的操作系统版本，这样更加有利于使用。命名虚拟机的同时，可以将虚拟机所存在的位置进行自定义，单击"下一步"按钮。如图1.4.3-3所示。

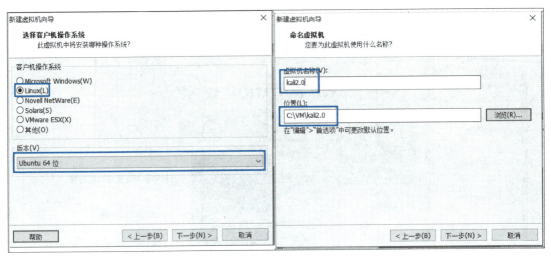

图 1.4.3-3　配置名称

步骤四：硬件配置

根据自己机器的实际情况，分配足够的 CPU 以及内存给虚拟机。一般对于 Kali Linux 来说，1 核 CPU、2G 内存已经足够使用了。如图 1.4.3-4 所示

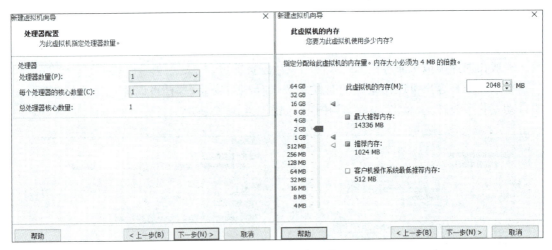

图 1.4.3-4　硬件设置

步骤五：配置网络

在 VMware 中网络分为三种模式：桥接模式、NAT 模式、Host-only 模式。

桥接模式：将虚拟机的网卡桥接至物理机，与物理机处于同一网段。

NAT 模式：默认 VMware 将会在本机创建一个 VMnet8 的网卡，如果将虚拟机与此网卡相连，虚拟机将通过本机来进行网络的访问。

Host－only 模式：默认 VMware 将会在本机创建一个 VMnet1 的网卡，如果将虚拟机连接至此网段，那么虚拟机将会在一个封闭的网络里面。在图中选择 NAT 模式，如图 1.4.3－5 所示。

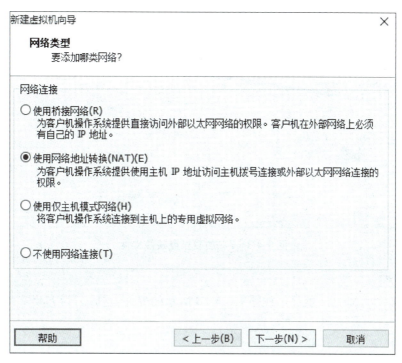

图 1.4.3－5　网络设置

步骤六：磁盘配置

选择将虚拟机拆分成多个文件，如图 1.4.3－6 所示。

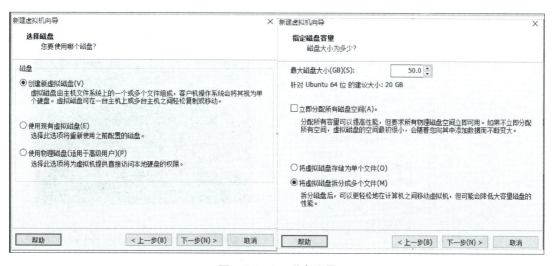

图 1.4.3－6　磁盘设置

步骤七：选择系统映像文件

选择"使用 ISO 映像文件"，如图 1.4.3－7 所示。

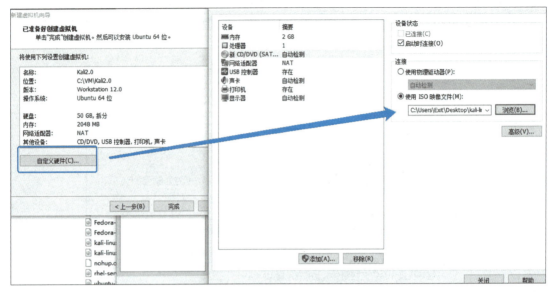

图 1.4.3－7　加载光盘映像文件

步骤八：完成配置

配置完成后，VMware 就显示如图 1.4.3－8 所示的界面，这时名为 Kali 2.0 的虚拟机就创建好了。

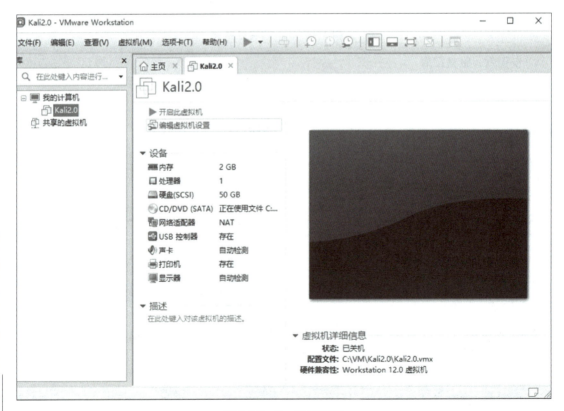

图 1.4.3－8　完成配置

1.4.4 拓展与提高

1. 虚拟机两种虚拟磁盘的区别

在本任务中，虚拟机分配的硬盘选择了将虚拟机拆分成多个文件，而不是将其存储为单一的文件，这是因为两者是有区别的。

（1）将磁盘存储为单个文件。它是指整个虚拟机使用一个磁盘文件，在虚拟机的目录里文件列表数量较少，而且单一文件有利于系统读写。但是，在复制到其他文件系统上时就可能会有文件大小的限制问题。

（2）将磁盘存储为多个文件。它是指将虚拟机的磁盘文件拆分成多个小文件（一般是2G 大小为限）存放于磁盘。可以在不同的文件系统进行复制与移动，但可能会降低大容量磁盘的性能。

2. VMware 虚拟磁盘的拆分与合并

有时候可能由于以下各种问题，我们需要在这两种存储方式之间进行转换：

Q1：想把虚拟机刻录到光盘中，但是用的是第（1）种方式存储的虚拟磁盘，怎么将单个大文件分割为多个小文件呢？

Q2：为了虚拟机的性能，怎么才能把第（2）种方式存储的虚拟磁盘的多个文件转换为第（1）种方式存储的单个文件呢？

其实，虚拟磁盘的两种存储方式之间的转换工具 VMware 自身就有提供。VMware-vdiskmanager 是 VMware Workstation 的虚拟磁盘管理工具。它让你通过命令行或脚本来创建管理修改虚拟磁盘文件。它有许多功能，例如使用命令 VMware-vdiskmanager.exe -h 可以查看它所有的功能。

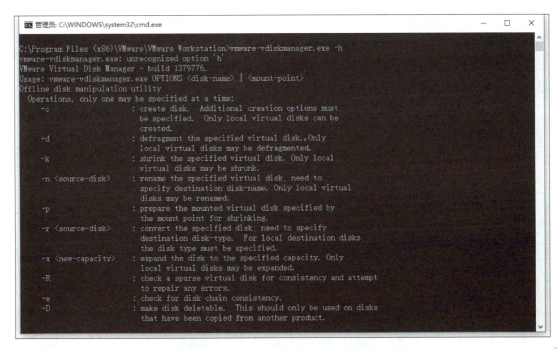

图 1.4.4－1　VMware-vdiskmanager 的帮助信息

其中,-r 选项就是对虚拟磁盘进行存储方式的转变参数,其功能是转换已经指定类型的虚拟磁盘的类型,结果会输出创建一个新的虚拟磁盘。你必须用-t 选项来指定你想要转换成的磁盘类型,并且指定目标虚拟磁盘的文件名。

打开命令行界面并切换到 VMware Workstation 目录,输入命令:

>VMware - vdiskmanager. exe - r " D: \ Virtual Machines \ Windows Server 2003 Enterprise Edition.vmdk" -t 0 "D:\Virtual Machines\Merged.vmdk"

命令的格式是:VMware-vdiskmanager.exe -r[源文件] -t 0[目标文件]。其中[源文件]是待转换的文件;[目标文件]是转换后生成的文件(此文件系统中是不存在的,只有转换后才存在。所以需要我们为其命名,后缀名为.vmdk);-t 后的参数是 0 表示将源文件合并为一个目标文件。如果-t 后的参数是 1 表示将源文件分割为多个文件。

1.4.5　思考与练习

如果将安装好的虚拟机文件从一台宿主机拷贝到另外一台宿主机上,其一定能够使用吗?

1.5　安装 Kali Linux 2.0

1.5.1　任务描述

小唐非常开心,终于可以开始安装新的操作系统了,小唐计划先安装 Kali 2.0 操作系统。Kali 2.0 是一个 Linux 的发行版,一般是安全人员用来进行渗透测试工作时使用的。小唐需要到官方网站下载相应平台的安装包并安装系统。

1.5.2　任务分析

在这个任务中,小唐需要完成以下任务:
(1) 访问 Kali 的官网 https://www.kali.org/downloads/,下载 Kali 安装包。
(2) 在虚拟机中安装 Kali 操作系统。

1.5.3　方法与步骤

在任务 1.4 中,小唐已经创建好虚拟机,并已经选择了 Kali 的 ISO 映像文件。
步骤一:开启虚拟机
打开虚拟机之后,使用 ISO 光盘镜像引导,就进入了 Kali 的安装界面。如图 1.5.3－1 所示。

在图中通过移动光标带,选择"Install",然后按回车键。就进入安装程序。

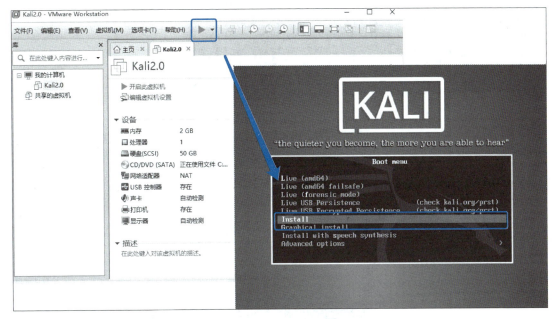

图 1.5.3-1 打开虚拟机

步骤二：时间语言设置

安装程序启动后，先要设置虚拟机的语言、地区、键盘模式，如图 1.5.3-2 所示。

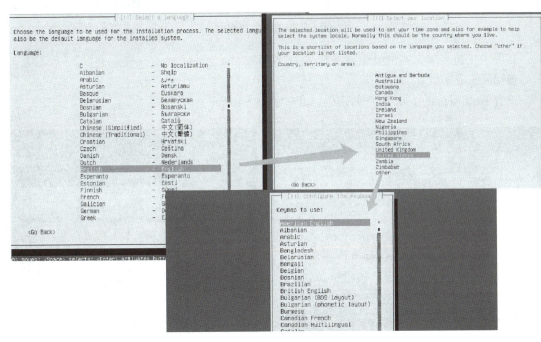

图 1.5.3-2 时间语言设置

按图中的红色光标带进行选择。每选择一个，按回车键即可。

步骤三：主机名设置

配置主机名，以及主机域名(可选)，如图 1.5.3-3 所示。

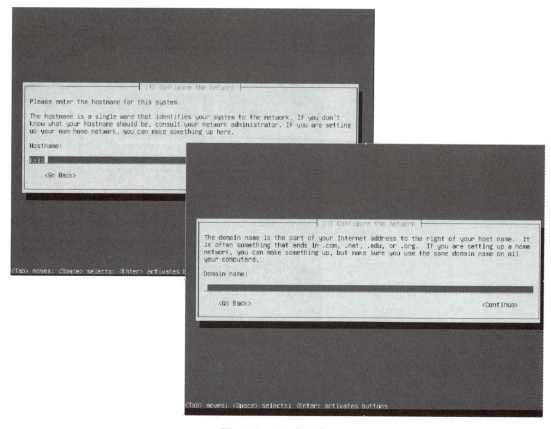

图 1.5.3-3　主机名

在图中主机名的文本框处输入主机名为"Kali"。

步骤四：密码设置

设置 Kali 系统的 root 用户的密码，如图 1.5.3-4 所示。

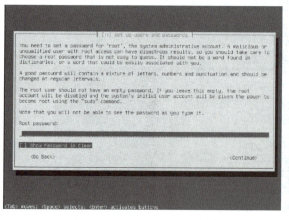 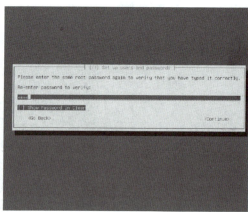

图 1.5.3-4　root 密码

在图中密码框处，输入密码为"toor"。

步骤五：设置时区

接下来，安装程序会设定系统时间和时区，如图 1.5.3-5 所示。

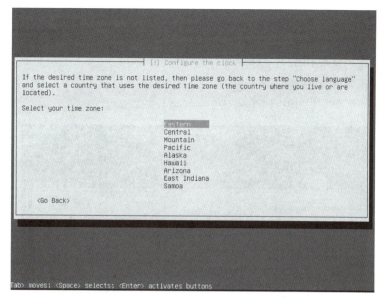

图 1.5.3-5 时区设置

在图中选择"Eastern"即可。

步骤六：磁盘配置

磁盘分区对安装操作系统很重要，有众多选择项，小唐依次进行了如下操作：

1. 选择分区方式

分区方式一共有 3 个选项，如图 1.5.3-6 所示。

（1）使用磁盘。

（2）使用磁盘，设置 LVM。

（3）使用磁盘，设置加密的 LVM。

一般建议使用第二个"Guided-use entire disk and set up LVM"。

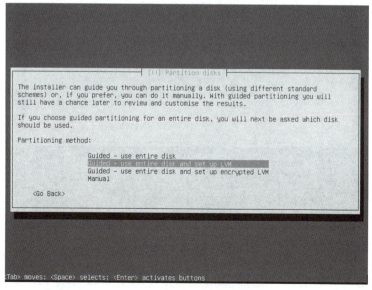

图 1.5.3-6 磁盘配置

2. 分区

分区也有三种选择,如图 1.5.3－7 所示。

(1) 将所有数据存放在一个分区里面(建议新手使用)。

(2) 将/home 独立划分。

(3) 将/home,/var 和/tmp 独立划分。

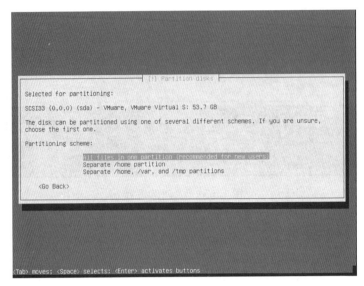

图 1.5.3－7　分区设置

由于小唐是第一次安装。因此,他在图中选择了"All files in on partition"。选择这一项后,安装程序进一步给出提示,要求确认将磁盘配置为 LVM。这里要选择"YES"如图 1.5.3－8 所示。

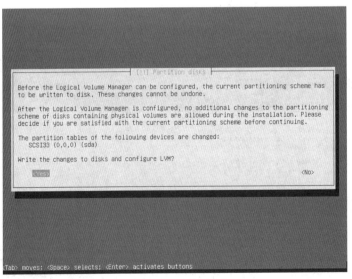

图 1.5.3－8　确认使用 LVM

安装程序完成分区后,给出分区划分表,并要求确认是否将分区写入磁盘。如图 1.5.3－9、图 1.5.3－10 所示。

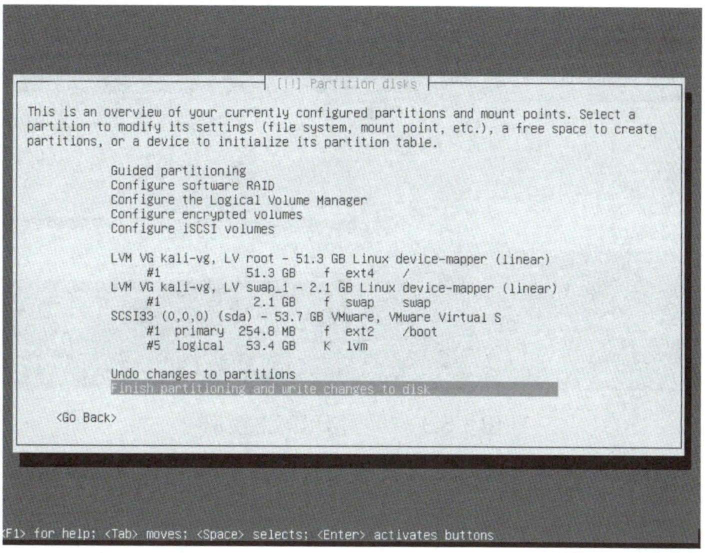

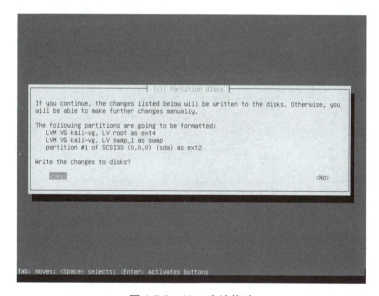

图 1.5.3-9　磁盘分区信息

图 1.5.3-10　确认修改

步骤七：是否启用网络镜像

设置完磁盘之后，系统会开始安装。待安装完成之后会提示是否启用网络镜像，也就是是否使用网络更新源。

启用更新源，根据网络情况配置代理，如果不使用，那么更新软件的时候需要手工配置软件源。如图 1.5.3-11 所示。

步骤八：设置 Grub

Grub 是一个多重系统引导器，Linux 是使用它来引导系统的。安装程序要求确认是否将引导器安装在磁盘的 MBR（主引导记录）位置，如图 1.5.3-12 所示。

步骤九：完成安装

安装程序完成安装后，给出是否重新启动的提示，如图 1.5.3-13 所示。

图 1.5.3‑11　启用网络镜像

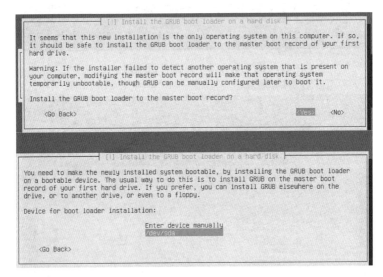

图 1.5.3‑12　配置 Grub

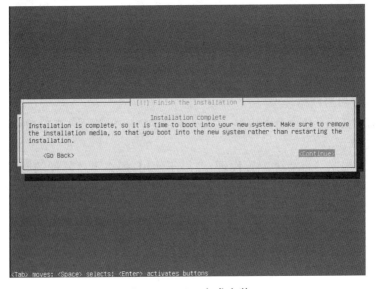

图 1.5.3‑13　完成安装

1.5.4 拓展与提高

Kali 系统提供了命令行的软件包管理 apt-get 命令集。它能从软件仓库上进行安装、升级软件包或是 Kali 系统,使用非常方便。apt-get 命令集如下:

* apt-get update——在修改/etc/apt/sources.list 或者/etc/apt/preferences 之后运行该命令。此外需要定期运行这一命令以确保软件包列表是最新的。
* apt-get install packagename——安装一个新软件包。(参见下文的 aptitude)
* apt-get remove packagename——卸载一个已安装的软件包。(保留配置文件)
* apt-get - purge remove packagename——卸载一个已安装的软件包。(删除配置文件)
* dpkg - force-all - purge packagename——有些软件很难卸载,而且还阻止了别的软件的应用。此时可以用这个命令,不过有点冒险。
* apt-get autoclean apt——会把已装或已卸的软件都备份在硬盘上,所以如果需要空间的话,可以用这个命令来删除已经删掉的软件。
* apt-get clean 这个命令会把安装的软件的备份也删除,不过这样不会影响软件的使用的。
* apt-get upgrade——更新所有已安装的软件包。
* apt-get dist-upgrade——将系统升级到新版本。
* apt-cache search string——在软件包列表中搜索字符串。
* dpkg -l package-name-pattern——列出所有与模式相匹配的软件包。如果不知道软件包的全名,可以使用"*package-name-pattern*"。
* aptitude——详细查看已安装或可用的软件包。与 apt-get 类似,aptitude 可以通过命令行方式调用,但仅限于某些命令,最常见的有安装和卸载命令。由于 aptitude 比 apt-get 了解更多信息,可以说它更适合用来进行安装和卸载。
* apt-cache showpkg pkgs——显示软件包信息。
* apt-cache dumpavail——打印可用软件包列表。
* apt-cache show pkgs——显示软件包记录,类似于 dpkg - print-avail。
* apt-cache pkgnames——打印软件包列表中所有软件包的名称。
* dpkg -S file——显示这个文件属于哪个已安装软件包。
* dpkg -L package——列出软件包中的所有文件。
* apt-file search filename——查找包含特定文件的软件包(不一定是已安装的),这些文件的文件名中含有指定的字符串。apt-file 是一个独立的软件包。您必须先使用 apt-get install 来安装它,然后运行 apt-file update。如果 apt-file search filename 输出的内容太多,可以尝试使用 apt-file search filename | grep -w filename(只显示指定字符串作为完整的单词出现在其中的那些文件名)或者类似方法,例如:apt-file search filename | grep /bin/(只显示位于诸如/bin 或/usr/bin 这些文件夹中的文件,如果要查找的是某个特定的执行文件的话,这样做是有帮助的)。
* apt-get autoclean——定期运行这个命令来清除那些已经卸载的软件包的.deb 文件。通过这种方式,可以释放大量的磁盘空间。如果需求十分迫切,可以使用 apt-get clean 以释放更多空间。这个命令会将已安装软件包裹的.deb 文件一并删除。大多数情况下不会再用到这些.debs 文件,因此如果磁盘空间不足,这个办法也许值得一试。

1.5.5 思考与练习

apt-get update 命令 和 apt-get dist-upgrad 命令有什么区别?

1.6 安装 VMware Tools

1.6.1 任务描述

小唐安装好了 Kali Linux 系统,并且正确的打开了系统。他想把自己喜爱的一张图片作为桌面,因此在他的计算机里面复制了该图片,并在虚拟机中粘贴该图片,但发现不能完成该操作。如果要系统中复制拷贝文件,该怎么实现呢?

1.6.2 任务分析

VMware 官方提供了 VMware Tools 安装包,它可以在虚拟机中安装显示卡驱动、网卡驱动,提高输出输入设备的读写性能,而且能和宿主机实现复制、粘贴等特殊功能。它的安装过程很方便,只需如下三个步骤:

(1) 加载 VMware 安装包。
(2) 运行。
(3) 安装。

1.6.3 方法与步骤

步骤一:加载 VMware Tools 安装包

在 VMware Workstation 的软件菜单中选择"虚拟机"→"安装 VMware Tools"。如图 1.6.3-1 所示。

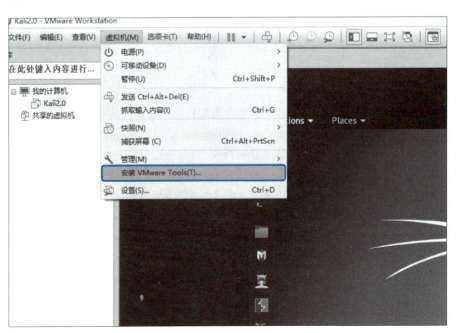

图 1.6.3-1 加载安装包

步骤二：复制软件包

此时在系统的桌面上就会出现一个 VMware Tools 的光盘映像文件，双击打开。将 VMwareTools－10.0.5－3228253.tar.gz 的安装包复制到桌面上。

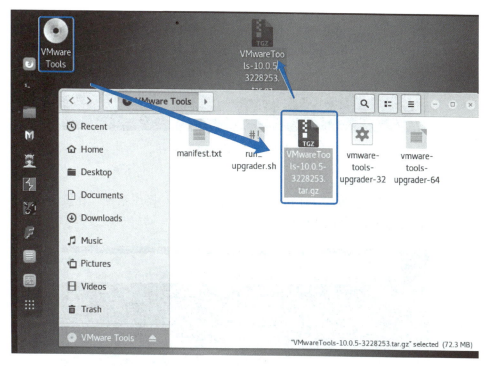

图 1.6.3－2　复制软件

步骤三：解压软件包

打开终端，进入到用户的 Desktop 目录，使用 tar－zxvf　VMwareTools.tar.gz 来解压 VMTools 的安装程序。如图 1.6.3－3 所示。

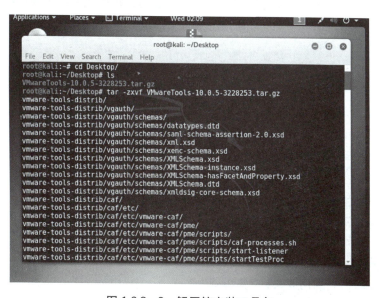

图 1.6.3－3　解压缩安装工具包

步骤四：安装

进入安装包的解压目录。输入命令 ./VMware-tools.pl（初学者建议全部按照默认配置）。

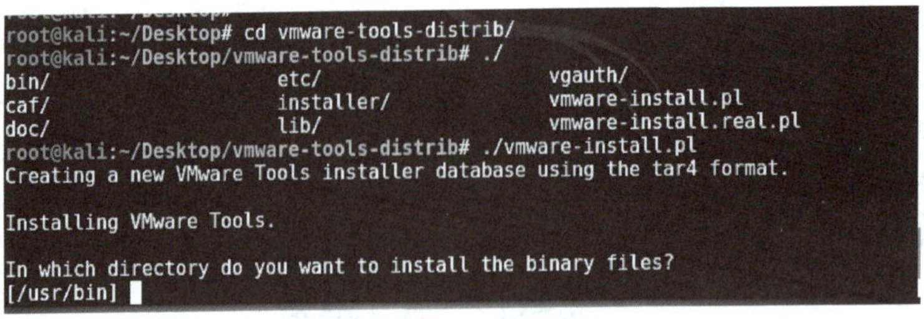

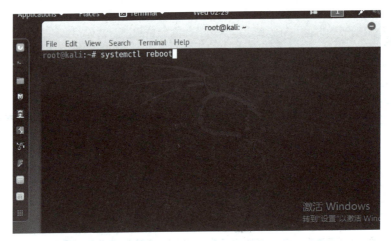

图 1.6.3－4　安装 vmtools

步骤五：完成安装后重启

在 Terminal 窗口输入 systemctl reboot 命令，重启 Kali 操作系统。在重启之后即可随意拖动文件，复制文本内容，如图 1.6.3－5 所示。

图 1.6.3－5　重启命令

1.6.4　拓展与提高

1. VMware Tools 简介

VMware Tools 是用于增强虚拟机的客户机操作系统性能并改进虚拟机管理的实用程序套件。如果不在客户机操作系统中安装 VMware Tools，客户机性能将缺少重要的功能。安装 VMware Tools 会避免出现以下问题或改进性能：

- ✓ 视频分辨率低
- ✓ 色深不足
- ✓ 网速显示错误
- ✓ 鼠标移动受限
- ✓ 不能复制、粘贴和拖放文件
- ✓ 没有声音

- ✓ 提供创建客户机操作系统静默快照的能力
- ✓ 将客户机操作系统中的时间与主机上的时间保持同步

2. VMware Tools 的组件

VMware Tools 包括以下组件：
- ✓ VMware Tools 服务
- ✓ VMware 设备驱动程序
- ✓ VMware 用户进程
- ✓ VMware Tools 控制面板

VMware Tools 以下列格式提供：

ISO(包含安装程序)：它们随产品一起打包并以多种方式进行安装，具体取决于 VMware 产品和虚拟机中安装的客户机操作系统。有关详细信息，请参见 Installing VMware Tools 部分。VMware Tools 为每种支持的客户机操作系统类型提供不同的 ISO 文件：Mac OS X、Windows、Linux、NetWare、Solaris 和 FreeBSD。

操作系统特定软件包(OSP)：VMware 为特定 Linux 分发包版本构建和提供可下载的二进制软件包。OSP 通常针对早期版本提供，如 RHEL 6。Linux 的大多数当前版本都包含 Open VM Tools，无须单独安装 OSP。

Open VM Tools (OVT)：它是面向 Linux 分发包维护人员和虚拟设备供应商的 VMware Tools 开源实施。OVT 通常包含在常见 Linux 分发包的当前版本中，允许管理员与 Linux 软件包一起轻松安装和更新 VMware Tools。

1.6.5 思考与练习

除了直接复制粘贴，还有哪些方法可以实现虚拟机和宿主机之间的文件拷贝呢？

2　收集系统的信息

2.1 单元主要任务

小唐接受公司的委任,负责维护公司的计算机系统。听主管介绍,公司有 Windows 操作系统的服务器和客户机,也有 Linux 版本的服务器和客户机。工作积极的小唐,很想搞清楚这些机器安装的主要服务和版本信息。所以,他学习如何使用工具软件获得局域网计算机终端的信息。

2.2 单元内容提示

通过本章的学习,学生应该掌握 Windows 和 Linux 系统信息收集的内容,同时明白系统信息的含义,为将来分析扫描工具如 NMAP 等探测到系统信息打下基础。

本章的主要内容包括:
(1) Windows 操作系统信息收集。
(2) Linux 操作系统信息收集。
(3) 将收集的操作系统信息导出到文件。

2.3 收集 Windows 系统信息

2.3.1 任务描述

小唐根据自己掌握的有关操作系统的基本知识,收集系统信息,网络信息,进程等信息。为了能够快速的搜集这些信息,小唐决定尝试使用相关命令行进行信息收集工作。

2.3.2 任务分析

收集 Windows 系统信息,通常的操作包括如下几个步骤,可以是图形化的操作,也可以是命令行的操作,通常会采用命令行:
(1) 进入命令提示符。
(2) 收集 Windows 系统信息。
(3) 收集 Windows 系统网络信息。

（4）收集 Windows 系统进程信息。
（5）导出 Windows 收集信息。

2.3.3 方法与步骤

步骤一：进入 Windows 命令提示符

命令提示符是在操作系统中，提示进行命令输入的一种命令工作环境。在不同的操作系统环境下，命令提示符各不相同。

在 Windows 环境下，命令行程序为 cmd.exe，是一个 32 位的命令行程序，微软 Windows 系统基于 Windows 上的命令解释程序，是基于微软的 DOS 操作系统的改进。

使用 WIN 键（一般是键盘上的 Windows 图标）+ R 打开运行，并输入 cmd，运行命令提示符。如图 2.3.3 - 1 所示。

图 2.3.3 - 1 打开 cmd

步骤二：收集系统信息一般用到以下 4 条命令

查看系统版本	ver
查看 SP 版本	wmic os get ServicePackMajorVersion
查看 Hotfix	wmic qfe get hotfixid,InstalledOn
查看主机名	Hostname

在命令行窗口，依次输入这些命令，获得系统信息。如图 2.3.3 - 2 所示。

在图中，可以看到 Windows 的版本号是 6.1.7601，已经安装了 SP1，安装 HOTFIX KB976902，系统的主机名为：WIN-I3T5LAT6DP0。

图 2.3.3-2　收集 Windows 信息

步骤三：收集 Windows 系统网络信息

1. 使用 ipconfig 命令查看 IP 信息

当需要查看系统 ip 地址的使用会用到 ipconfig，此命令用于显示当前的 TCP/IP 配置的设置值。这些信息一般用来检验人工配置的 TCP/IP 设置是否正确，该命令的常用参数如下表所示：

/all	显示完整配置信息
/release	释放 IP 地址
/renew	释放并重新获取 IP 地址
/flushdns	清除 DNS 缓存

输入命令 ipconfig　/all。如图 2.3.3-3 所示。

从图中可以知道下列信息：

计算机有两块网卡（以太网适配器）名称分别为"本地连接 2"和"本地连接"
- 本地连接 2 的 MAC 地址（物理地址）：00-0C-29-C0-9F-A7
- 本地连接 2 的 IP 地址是：10.0.0.1
- 本地连接 2 的子网掩码是：255.255.255.0
- DNS 服务器的指向是：10.0.0.1
- 默认网关设置：无

同样，按照这个方法，可以知道"本地连接"这块网卡的网络参数。这里就不一一列举了。

2. 使用 route 命令，获得路由表信息

当我们需要显示或者修改系统的路由信息的时候，Route 命令可以显示本地 IP 路由表和修改路由条目网络命令，Route 的命令格式是：

ROUTE［-f］［-p］［-4｜-6］command ［destination］［MASK netmask］［gateway］［METRIC metric］　［IF interface］

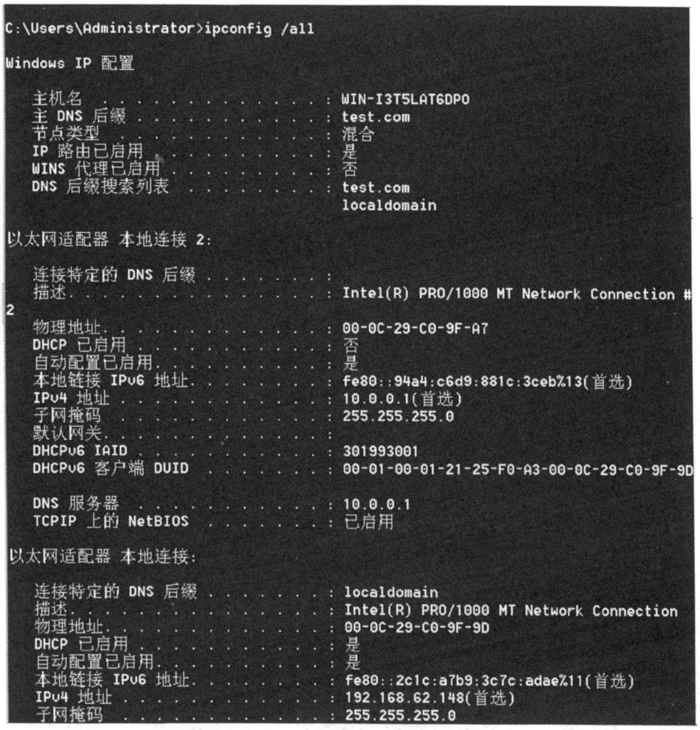

```
C:\Users\Administrator>ipconfig /all

Windows IP 配置

   主机名 . . . . . . . . . . . . . : WIN-I3T5LAT6DPO
   主 DNS 后缀 . . . . . . . . . . . : test.com
   节点类型 . . . . . . . . . . . . : 混合
   IP 路由已启用 . . . . . . . . . . : 是
   WINS 代理已启用 . . . . . . . . . : 否
   DNS 后缀搜索列表 . . . . . . . . : test.com
                                       localdomain

以太网适配器 本地连接 2:

   连接特定的 DNS 后缀 . . . . . . . :
   描述. . . . . . . . . . . . . . . : Intel(R) PRO/1000 MT Network Connection #
2
   物理地址. . . . . . . . . . . . . : 00-0C-29-C0-9F-A7
   DHCP 已启用 . . . . . . . . . . . : 否
   自动配置已启用. . . . . . . . . . : 是
   本地链接 IPv6 地址. . . . . . . . : fe80::94a4:c6d9:881c:3ceb%13(首选)
   IPv4 地址 . . . . . . . . . . . . : 10.0.0.1(首选)
   子网掩码 . . . . . . . . . . . . : 255.255.255.0
   默认网关. . . . . . . . . . . . . :
   DHCPv6 IAID . . . . . . . . . . . : 301993001
   DHCPv6 客户端 DUID . . . . . . . : 00-01-00-01-21-25-F0-A3-00-0C-29-C0-9F-9D

   DNS 服务器 . . . . . . . . . . . : 10.0.0.1
   TCPIP 上的 NetBIOS . . . . . . . : 已启用

以太网适配器 本地连接:

   连接特定的 DNS 后缀 . . . . . . . : localdomain
   描述. . . . . . . . . . . . . . . : Intel(R) PRO/1000 MT Network Connection
   物理地址. . . . . . . . . . . . . : 00-0C-29-C0-9F-9D
   DHCP 已启用 . . . . . . . . . . . : 是
   自动配置已启用. . . . . . . . . . : 是
   本地链接 IPv6 地址. . . . . . . . : fe80::2c1c:a7b9:3c7c:adae%11(首选)
   IPv4 地址 . . . . . . . . . . . . : 192.168.62.148(首选)
   子网掩码 . . . . . . . . . . . . : 255.255.255.0
```

图 2.3.3－3　ipconfig 命令

-f 清除所有网关项的路由表。如果与某个命令结合使用，在运行该命令前，应清除路由表。

Command　　其中之一：

PRINT	打印路由
ADD	添加路由
DELETE	删除路由
CHANGE	修改现有路由

destination	目标网络。
MASK	指定下一个参数为“网络掩码”值。
Netmask	指定此路由项的子网掩码值。如果未指定，其默认设置为 255.255.255.255。
gateway	指定网关。
Interface	指定路由的接口号码。
METRIC	指定跃点数，例如目标的成本。

为了获得本机的路由表信息，可以使用命令 route print 来打印本机路由表。如图 2.3.3－4 所示。

3. 使用 netstat 命令

当我们需要显示系统所开放的端口时，需要用到 netstat。Netstat 是在内核中访问网络及相关信息的程序，它能提供 TCP 连接，TCP 和 UDP 监听，进程内存管理的相关报告，如图 2.3.3－5 所示。它有下列参数：

-a	显示所有连接和侦听端口。
-n	以数字形式显示地址和端口号。

图 2.3.3-4　本机路由信息表

-o　　　　显示拥有的与每个连接关联的进程 ID。

-p proto　　显示 proto 指定的协议的连接；proto 可以是下列任何一个：TCP、UDP、TCPv6 或 UDPv6。

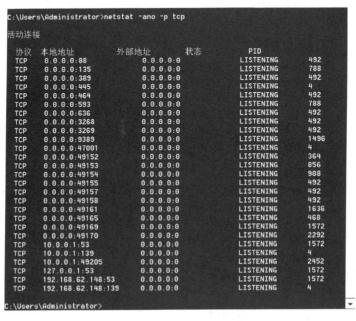

图 2.3.3-5　netstat 命令

步骤四：收集 Windows 系统进程信息

当我们需要显示系统进程的时候，需要使用 tasklist 命令。Tasklist 用来显示运行在本地或远程计算机上的所有进程。如图 2.3.3-6 所示。

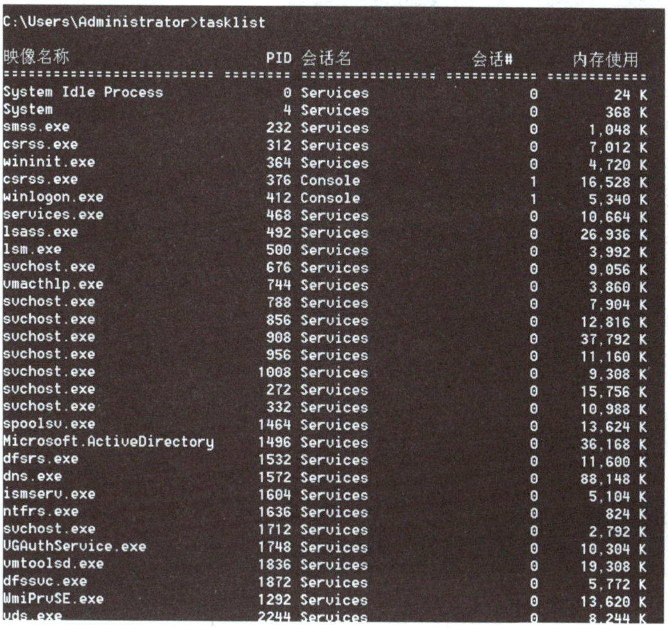

图 2.3.3-6 tasklist 命令

步骤五：导出 Windows 收集信息

如果我们想要将命令所显示的信息导出到一个文件，那么我们将使用到 Windows 的输出重定向功能＞和＞＞，我们只需在每个命令后面添加＞或＞＞等重定向命令。

"＞"会将原有文件内容覆盖。如图 2.3.3-7 所示。

图 2.3.3-7 重定向"＞"的导出内容

">>"会将内容追加在原文件后面,如图 2.3.3-8 所示。

图 2.3.3-8　追加">>"的导出内容

2.3.4　拓展与提高

通过命令搜集 Windows 系统信息,并且导入到相应的文件,方便快捷。但是更加方便快捷的做法是把有关命令写入到批处理文件,通过执行批处理文件,可以更加快捷。

1. 什么是批处理文件

所谓的批处理,就是按规定的顺序自动执行若干个指定的 DOS 命令或程序。即是把原来一个一个执行的命令汇总起来,成批的执行。而程序文件可以移植到其他电脑中运行,因此可以大大节省命令反复输入的繁琐。同时批处理文件还有一些编程的特点,可以通过扩展参数来灵活的控制程序的执行,所以在日常工作中非常实用。

2. 批处理文件的格式是什么

批处理文件起源于 DOS 时代,在 DOS 时代的扩展名为.bat(即是 batch 的缩写),可使用 Copy con、Edit、WPS 等 DOS 程序来编辑。

经时代的发展,现今批处理文件已经不止支持 DOS 下的程序,同时也支持 Windows 环境程序的运行,在 Windows NT 以后的平台中,还加入了以.cmd 为扩展名的批处理文件,其性能比.bat 文件更加优越,执行也与.bat 文件一样方便快捷。

注:由于.bat 文件是基于 16 平台下的程序,在 Windows NT 及以后的 32 位中运行时偶尔会出现堆栈溢出之类的错误,所以建议在新的系统中尽可能的采用.cmd 扩展的批处理文件代替.bat 的文件。

3. 如何来编写批处理文件

其实编写批处理文件并没有什么编程环境的要求,任何一个文本编辑器都可以用来编写批处理文件,像 DOS 下的 Edit、WPS 以及 DOS 自带的 Copy 命令的扩展 copy con 命令就可以编写,除此之外,还有 Windows 下的记事本、写字板等。一般建议使用 NOTEPAD 或是第三方的 NOTEPAD++ 来进行编写。

4. 批处理的举例

在平时的管理任务中,可以使用批处理来启动和停止服务。例如:

启动服务的批处理文件 start.bat 的内容

@echo off

net start OracleMTSRecoveryService

net start OracleOraHome92Agent

net start OracleOraHome92TNSListener

net start OracleService 数据库名

关闭服务的批处理文件 stop.bat 的内容

@echo off

net stop OracleService 数据库名

net stop OracleOraHome92TNSListener

net stop OracleOraHome92Agent

net stop OracleMTSRecoveryService

注:更多的批处理命令和编写方法可能参考:

https://www.cnblogs.com/iTlijun/p/6137027.html

2.3.5 思考与练习

小唐想写一个批处理的脚本,要实现以下功能:

(1) 可以自动查找系统信息。

(2) 系统信息输出的文件以主机名+当前时间来命名。

2.4 收集 Linux 系统信息

2.4.1 任务描述

小唐根据自己掌握的有关操作系统的基本知识,收集 Linux 系统信息,网络信息,进程信息。由于 Linux 系统命令行操作十分流行,并且高效。小唐参考官方的指导手册,很快完成了 Linux 系统信息搜集的任务。由于 Linux 发行版比较多,而公司主要采用 RedHat 和 Debian 作为服务器,因此小唐,分别对两个发行版,进行了信息收集工作。

2.4.2 任务分析

收集 Linux 系统信息,通常的操作是命令行的操作,通常会采用下面几种方式进行收集:

(1) 收集 Linux 系统信息。

(2) 收集 Linux 系统网络信息。
(3) 收集 Linux 系统进程信息。
(4) DEBIAN 软件包管理。
(5) REDHAT 软件包管理。
(6) 导出 Linux 收集信息。

2.4.3 方法与步骤

步骤一：Linux 收集系统信息

收集系统信息一般用到以下两条命令：

查看内核信息	uname -a
查看主机名	hostname

在 Linux 系统的终端中输入这两条命令。如图 2.4.3－1 所示。

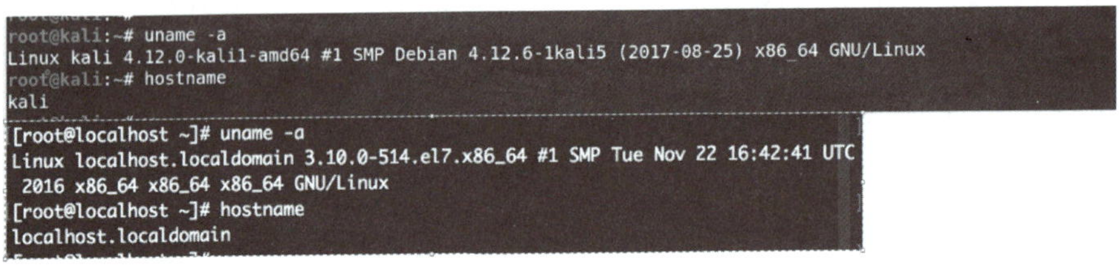

图 2.4.3－1　Linux 信息收集

在图中可以看到，基于 Debian 的 Kali 的内核信息和 REDHAT 发行版的内核信息。

步骤二：Linux 收集网络信息

1. 使用 ifconfig 命令

ifconfig 是 Linux 中用于显示或配置网络设备（网络接口卡）的命令（类似 Windows 下的 ipconfig），如图 2.4.3－2 所示。

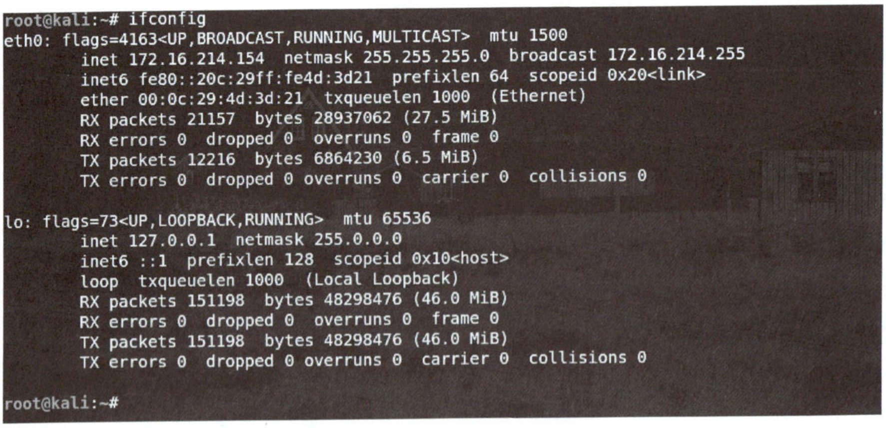

图 2.4.3－2　ifconfig 命令

2. 使用 route 命令，收集本机路由表信息

route 是 Linux 中用于显示或者配置路由的命令，如图 2.4.3－3 所示。

```
root@kali:~# route -n
Kernel IP routing table
Destination     Gateway         Genmask         Flags Metric Ref    Use Iface
0.0.0.0         172.16.214.2    0.0.0.0         UG    0      0        0 eth0
0.0.0.0         172.16.214.2    0.0.0.0         UG    100    0        0 eth0
172.16.214.0    0.0.0.0         255.255.255.0   U     100    0        0 eth0
root@kali:~# 
```

图 2.4.3－3　route

3. 使用 netstat 命令，收集系统网络连接的情况

netstat 是 Linux 中用于网络连接信息的命令。

-a（all）　　显示所有选项，默认不显示 LISTEN 相关

-t（tcp）　　仅显示 tcp 相关选项

-u（udp）　　仅显示 udp 相关选项

-n　　拒绝显示别名，能显示数字的全部转化成数字。

-l　　仅列出有在 Listen（监听）的服务状态

如图 2.4.3－4 所示。输入 netstat－tnlp 后的显示信息。

```
root@kali:~# netstat -tnlp
Active Internet connections (only servers)
Proto Recv-Q Send-Q Local Address           Foreign Address         State       PID/Program name
tcp        0      0 127.0.0.1:5432          0.0.0.0:*               LISTEN      2275/postgres
tcp6       0      0 :::80                   :::*                    LISTEN      2700/apache2
tcp6       0      0 ::1:5432                :::*                    LISTEN      2275/postgres
root@kali:~# 
```

图 2.4.3－4　netstat 命令

这条命令的作用是显示系统上所有运行进程侦听的 TCP 端口和 PID 号。

步骤三：Linux 收集系统进程信息

在 Linux 系统中 ps 命令是 Linux 中用于显示进程的命令，它有下列主要的参数：

-A　　列出所有的进程

-w　　显示加宽可以显示较多的资讯

-au　　显示较详细的资讯

-aux　　显示所有包含其他使用者的行程

如图 2.4.3－5 所示。使用命令 ps－aux，其结果是显示所有用户运行进程。

```
root@kali:~# ps -aux
USER       PID %CPU %MEM    VSZ   RSS TTY      STAT START   TIME COMMAND
root         1  0.0  0.2 219336  8140 ?        Ss   Sep06   0:03 /sbin/init
root         2  0.0  0.0      0     0 ?        S    Sep06   0:00 [kthreadd]
root         4  0.0  0.0      0     0 ?        S<   Sep06   0:00 [kworker/0:0H]
root         6  0.0  0.0      0     0 ?        S<   Sep06   0:00 [mm_percpu_wq]
root         7  0.0  0.0      0     0 ?        S    Sep06   0:00 [ksoftirqd/0]
root         8  0.0  0.0      0     0 ?        S    Sep06   0:05 [rcu_sched]
root         9  0.0  0.0      0     0 ?        S    Sep06   0:00 [rcu_bh]
root        10  0.0  0.0      0     0 ?        S    Sep06   0:00 [migration/0]
root        11  0.0  0.0      0     0 ?        S    Sep06   0:00 [watchdog/0]
root        12  0.0  0.0      0     0 ?        S    Sep06   0:00 [cpuhp/0]
root        13  0.0  0.0      0     0 ?        S    Sep06   0:00 [cpuhp/1]
root        14  0.0  0.0      0     0 ?        S    Sep06   0:00 [watchdog/1]
root        15  0.0  0.0      0     0 ?        S    Sep06   0:00 [migration/1]
root        16  0.0  0.0      0     0 ?        S    Sep06   0:00 [ksoftirqd/1]
root        18  0.0  0.0      0     0 ?        S<   Sep06   0:00 [kworker/1:0H]
root        19  0.0  0.0      0     0 ?        S    Sep06   0:00 [kdevtmpfs]
root        20  0.0  0.0      0     0 ?        S<   Sep06   0:00 [netns]
root        22  0.0  0.0      0     0 ?        S    Sep06   0:00 [khungtaskd]
root        23  0.0  0.0      0     0 ?        S    Sep06   0:00 [oom_reaper]
root        24  0.0  0.0      0     0 ?        S<   Sep06   0:00 [writeback]
root        25  0.0  0.0      0     0 ?        S    Sep06   0:00 [kcompactd0]
root        26  0.0  0.0      0     0 ?        SN   Sep06   0:00 [ksmd]
root        27  0.0  0.0      0     0 ?        SN   Sep06   0:00 [khugepaged]
root        28  0.0  0.0      0     0 ?        S<   Sep06   0:00 [crypto]
root        29  0.0  0.0      0     0 ?        S<   Sep06   0:00 [kintegrityd]
root        30  0.0  0.0      0     0 ?        S<   Sep06   0:00 [bioset]
root        31  0.0  0.0      0     0 ?        S<   Sep06   0:00 [kblockd]
```

图 2.4.3－5　ps 命令

在图中可以看至每个进程的 PID、CPU 的使用率、内存使用率、进程状态、进程命令等详细的信息。

步骤四：DEBIAN 软件包管理

1. dpkg 的软件包管理

dpkg 是 Debian 软件包管理器的基础，它由伊恩·默多克创建于 1993 年。dpkg 与 RPM 十分相似，同样被用于安装、卸载和供给.deb 软件包相关的信息。

-i	安装软件包
-r	卸载软件包
-l	列出所有安装的软件包

小唐使用 dpkg -l 列出系统所安装软件。如图 2.4.3-6 所示。

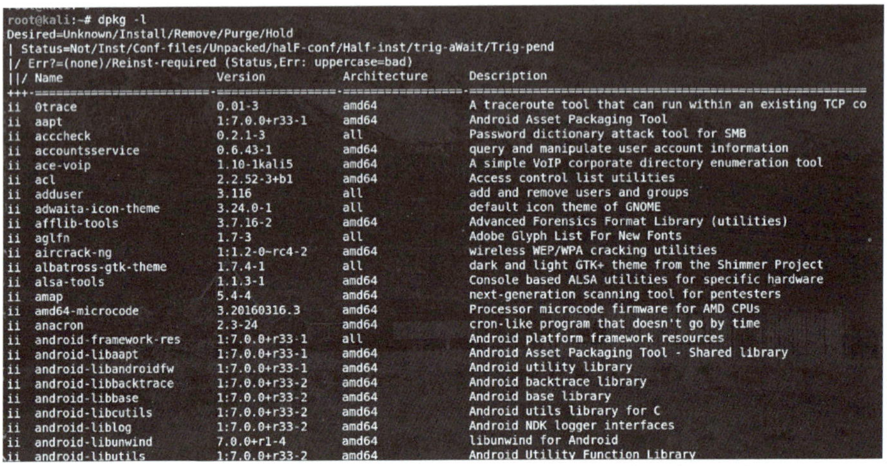

```
root@kali:~# dpkg -l
Desired=Unknown/Install/Remove/Purge/Hold
| Status=Not/Inst/Conf-files/Unpacked/halF-conf/Half-inst/trig-aWait/Trig-pend
|/ Err?=(none)/Reinst-required (Status,Err: uppercase=bad)
||/ Name                     Version            Architecture       Description
+++-========================-==================-==================-=====================================================
ii  0trace                   0.01-3             amd64              A traceroute tool that can run within an existing TCP co
ii  aapt                     1:7.0.0+r33-1      amd64              Android Asset Packaging Tool
ii  acccheck                 0.2.1-3            all                Password dictionary attack tool for SMB
ii  accountsservice          0.6.43-1           amd64              query and manipulate user account information
ii  ace-voip                 1.10-1kali5        amd64              A simple VoIP corporate directory enumeration tool
ii  acl                      2.2.52-3+b1        amd64              Access control list utilities
ii  adduser                  3.116              all                add and remove users and groups
ii  adwaita-icon-theme       3.24.0-1           all                default icon theme of GNOME
ii  afflib-tools             3.7.16-2           amd64              Advanced Forensics Format Library (utilities)
ii  aglfn                    1.7-3              all                Adobe Glyph List For New Fonts
ii  aircrack-ng              1:1.2-0~rc4-2      amd64              wireless WEP/WPA cracking utilities
ii  albatross-gtk-theme      1.7.4-1            all                dark and light GTK+ theme from the Shimmer Project
ii  alsa-tools               1.1.3-1            amd64              Console based ALSA utilities for specific hardware
ii  amap                     5.4-4              amd64              next-generation scanning tool for pentesters
ii  amd64-microcode          3.20160316.3       amd64              Processor microcode firmware for AMD CPUs
ii  anacron                  2.3-24             amd64              cron-like program that doesn't go by time
ii  android-framework-res    1:7.0.0+r33-1      all                Android platform framework resources
ii  android-libaapt          1:7.0.0+r33-1      amd64              Android Asset Packaging Tool - Shared library
ii  android-libandroidfw     1:7.0.0+r33-1      amd64              Android utility library
ii  android-libbacktrace     1:7.0.0+r33-2      amd64              Android backtrace library
ii  android-libbase          1:7.0.0+r33-2      amd64              Android base library
ii  android-libcutils        1:7.0.0+r33-2      amd64              Android utils library for C
ii  android-liblog           1:7.0.0+r33-2      amd64              Android NDK logger interfaces
ii  android-libunwind        7.0.0+r1-4         amd64              libunwind for Android
ii  android-libutils         1:7.0.0+r33-2      amd64              Android Utility Function Library
```

图 2.4.3-6　dpkg 命令

2. 使用 apt 命令集

APT 高级包装工具(Advanced Packaging Tools)是 Debian 及其衍生发行版的软件包管理器。APT 可以自动下载，配置，安装二进制或者源代码格式的软件包，并能解决各软件之间的依存关系。

apt-cache search packagename	搜索软件包
apt-get install packagename	安装软件包
apt-get update	更新源
apt-get upgrage	更新已经安装的软件
apt-ge dist-upgrade	升级系统

小唐使用 apt-get update 命令刷新本地系统的软件仓库清单列表。如图 2.4.3-7 所示。

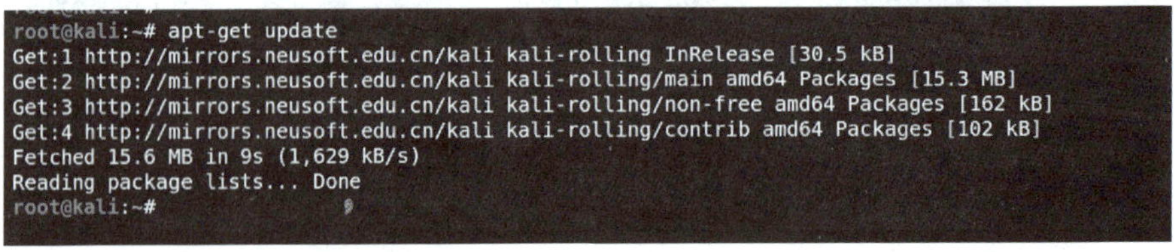

```
root@kali:~# apt-get update
Get:1 http://mirrors.neusoft.edu.cn/kali kali-rolling InRelease [30.5 kB]
Get:2 http://mirrors.neusoft.edu.cn/kali kali-rolling/main amd64 Packages [15.3 MB]
Get:3 http://mirrors.neusoft.edu.cn/kali kali-rolling/non-free amd64 Packages [162 kB]
Get:4 http://mirrors.neusoft.edu.cn/kali kali-rolling/contrib amd64 Packages [102 kB]
Fetched 15.6 MB in 9s (1,629 kB/s)
Reading package lists... Done
root@kali:~#
```

图 2.4.3-7　apt-get update 命令

步骤五：REDHAT 软件包管理

同样，REDHAT 系列的发行系统具有同样的软件包管理命令。

1. 使用 rpm 命令

rpm 命令是 RPM 软件包的管理工具。rpm 原本是 Red Hat Linux 发行版专门用来管理 Linux 各项套件的程序，由于它遵循 GPL 规则且功能强大方便，因而广受欢迎。逐渐受到其他发行版的采用。RPM 套件管理方式的出现，让 Linux 易于安装、升级，间接提升了 Linux 的适用度。

-a	查询所有软件包
-e 或—erase	删除指定的软件包
-i 或—install	安装指定的软件包
-l	显示套件的文件列表
-q	使用询问模式
-U 或—upgrade	升级指定的软件包
-v	显示指令执行过程

小唐经过了解后，使用 rpm - qa 列出 redhat 主机上的所有安装软件。如图 2.4.3 - 8 所示。

图 2.4.3 - 8　显示软件列表

2. 使用 yum 命令

Yum(全称为 Yellow dog Updater, Modified)是一个在 Fedora 和 RedHat 以及 CentOS 中的 Shell 前端软件包管理器。基于 RPM 包管理，能够从指定的服务器自动下载 RPM 包并且安装，还可以自动处理依赖性关系，并且一次安装所有依赖的软件包，无须繁琐地一次次下载、安装。

yum install [packagename]	安装软件包
yum remove [packagename]	删除软件包
yum repolist	列出软件源

小唐使用 yum repolist 命令列出系统配置的软件仓库(源)列表，如图 2.4.3 - 9 所示。

```
[root@localhost ~]# yum repolist
Loaded plugins: fastestmirror
Repodata is over 2 weeks old. Install yum-cron? Or run: yum makecache fast
Loading mirror speeds from cached hostfile
 * base: centos.ustc.edu.cn
 * extras: centos.ustc.edu.cn
 * updates: centos.ustc.edu.cn
repo id                                    repo name                                  status
!base/7/x86_64                             CentOS-7 - Base                             9,363
!docker-ce-stable/x86_64                   Docker CE Stable - x86_64                       7
!extras/7/x86_64                           CentOS-7 - Extras                             447
!updates/7/x86_64                          CentOS-7 - Updates                          2,090
repolist: 11,907
[root@localhost ~]#
```

图 2.4.3 - 9　软件仓库列表

步骤六：导出 Linux 收集信息

如果我们想要将命令所显示的信息导出到一个文件，那么我们将使用到与 Windows 类似的输出重定向功能“>”和“>>”，我们只需在每个命令后面添加“>”或“>>”

“>”会将原有文件内容覆盖。如图 2.4.3 - 10 所示

```
[root@localhost ~]# ifconfig > ifconfig.txt
[root@localhost ~]# cat ifconfig.txt
docker0: flags=4163<UP,BROADCAST,RUNNING,MULTICAST>  mtu 1500
        inet 172.17.0.1  netmask 255.255.0.0  broadcast 0.0.0.0
        inet6 fe80::42:11ff:fe73:9857  prefixlen 64  scopeid 0x20<link>
        ether 02:42:11:73:98:57  txqueuelen 0  (Ethernet)
        RX packets 1962  bytes 1477545 (1.4 MiB)
        RX errors 0  dropped 0  overruns 0  frame 0
        TX packets 2052  bytes 6014284 (5.7 MiB)
        TX errors 0  dropped 0 overruns 0  carrier 0  collisions 0

ens33: flags=4163<UP,BROADCAST,RUNNING,MULTICAST>  mtu 1500
        inet 172.16.214.131  netmask 255.255.255.0  broadcast 172.16.214.255
        inet6 fe80::c77e:3d8c:2231:9740  prefixlen 64  scopeid 0x20<link>
        ether 00:0c:29:fe:02:94  txqueuelen 1000  (Ethernet)
        RX packets 6040  bytes 6300547 (6.0 MiB)
        RX errors 0  dropped 0  overruns 0  frame 0
        TX packets 3847  bytes 2784520 (2.6 MiB)
        TX errors 0  dropped 0 overruns 0  carrier 0  collisions 0

lo: flags=73<UP,LOOPBACK,RUNNING>  mtu 65536
        inet 127.0.0.1  netmask 255.0.0.0
        inet6 ::1  prefixlen 128  scopeid 0x10<host>
        loop  txqueuelen 1  (Local Loopback)
        RX packets 4  bytes 348 (348.0 B)
```

图 2.4.3 - 10　导出网卡信息

图中将 ifconfig 显示的网卡的信息导入到 ifconfig.txt 文件。若文件存在则覆盖，若文件不存在则，则创建。

“>>”会将内容追加在原文件后面。如图 2.4.3 - 11 所示。

```
[root@localhost ~]# netstat -tnlp >> ifconfig.txt
[root@localhost ~]# tail ifconfig.txt
        TX packets 1815  bytes 5991083 (5.7 MiB)
        TX errors 0  dropped 0 overruns 0  carrier 0  collisions 0

Active Internet connections (only servers)
Proto Recv-Q Send-Q Local Address           Foreign Address         State       PID/Program name
tcp        0      0 0.0.0.0:22              0.0.0.0:*               LISTEN      1055/sshd
tcp        0      0 127.0.0.1:25            0.0.0.0:*               LISTEN      1717/master
tcp6       0      0 :::8080                 :::*                    LISTEN      2927/docker-proxy
tcp6       0      0 :::22                   :::*                    LISTEN      1055/sshd
tcp6       0      0 ::1:25                  :::*                    LISTEN      1717/master
[root@localhost ~]#
```

图 2.4.3 - 11　追加信息

图中，将系统网络连接情况导出并追加到 ifconfig.txt 文件中。

2.4.4 拓展与提高

Linux 发行版（英语：Linux distribution，也被叫作 GNU/Linux 发行版），为一般用户预先集成好的 Linux 操作系统及各种应用软件。一般用户不需要重新编译，在直接安装之后，只需要小幅度更改设置就可以使用，通常以软件包管理系统来进行应用软件的管理。Linux 发行版通常包含了包括桌面环境、办公包、媒体播放器、数据库等应用软件。这些操作系统通常有 Linux 内核，以及来自 GNU 计划的大量的函数库，和基于 X Window 的图形界面。有些发行版考虑到容量大小而没有预装 X Window，而使用更加轻量级的软件，如：busybox, uclibc 或 dietlibc。现在有超过 300 个 Linux 发行版（Linux 发行版列表）。大部分都正处于活跃的开发中，不断地改进。

由于大多数软件包是自由软件和开源软件，所以 Linux 发行版的形式多种多样——从功能齐全的桌面系统以及服务器系统到小型系统（通常在嵌入式设备，或者启动软盘）。除了一些定制软件（如安装和配置工具），发行版通常只是将特定的应用软件安装在一堆函数库和内核上，以满足特定用户的需求。

这些发行版可以分为商业发行版，比如 Fedora（Red Hat）、openSUSE（Novell）、Ubuntu（Canonical 公司）和 Mandriva Linux；和社区发行版，它们由自由软件社区提供支持，如 Debian 和 Gentoo；也有发行版既不是商业发行版也不是社区发行版，其中最有名的是 Slackware。

2.4.5 思考与练习

软件包通常是已编译的机器码，这么多软件包是通过软件包管理系统进行安装和卸载的，软件包管理系统主要负责哪些任务呢？

3 系统补丁管理

3.1 单元主要任务

主管安排一个很重要的任务给小唐,给公司所有的服务器和客户机安装系统补丁。小唐以前只做过 Windows 操作系统的自动补丁更新,听主管说,针对于 Windows 操作系统,可以搭建一个 WSUS 服务(Windows Server 更新服务,英语:Windows Server Update Services,缩写 WSUS)。小唐从微软公司的 Technet 网站,查询到 WSUS 服务安装配置过程:
https://technet.microsoft.com/en-us/library/hh852344(v=ws.11).aspx。
公司还配置有 Linux 服务器,主管希望也一起能配置自动补丁更新。

3.2 单元内容提示

通过本章的学习,学生应该理解补丁的重要性,理解为什么需要安装系统补丁,掌握系统补丁安装的方法,为将来在企业中完成基础的补丁更新工作。打下基础。

本章的主要内容包括:
(1) Windows 系统补丁自动更新配置。
(2) WSUS 服务配置。
(3) 常见 Linux 系统补丁手动更新。
(4) 常见 Linux 系统补丁自动更新。

3.3 Windows 系统补丁自动更新

3.3.1 任务描述

小唐首先研究了 Windows 的补丁自动更新程序的相关设置,并按照公司的要求,对终端计算机配置了自动更新。

3.3.2 任务分析

Windows 系统补丁自动升级,主要包括以下步骤。
(1) 打开 Windows update。

(2) 开启自动安装更新。

(3) 开始更新。

3.3.3 方法与步骤

步骤一：打开 Windows Update

小唐点按"开始"→"控制面板"→"Windows Update",如图 3.3.3－1 所示。

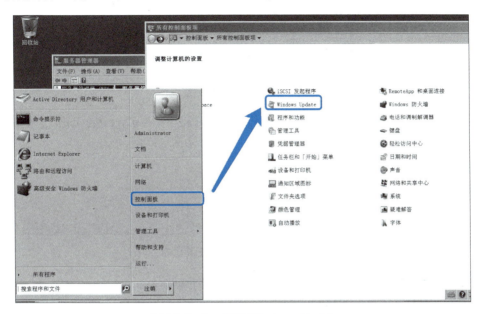

图 3.3.3－1　打开 Windows Update

步骤二：单击更改设置,修改自动更新设置

在打开的 Windows Update 对话框中,单击左侧的"更改设置",如图 3.3.3－2 所示。

图 3.3.3－2　修改自动更新设置

步骤三：选择自动安装更新(推荐)

在打开的设置对话框中,将更新设置为"自动安装更新(推荐)",如图 3.3.3－3 所示。

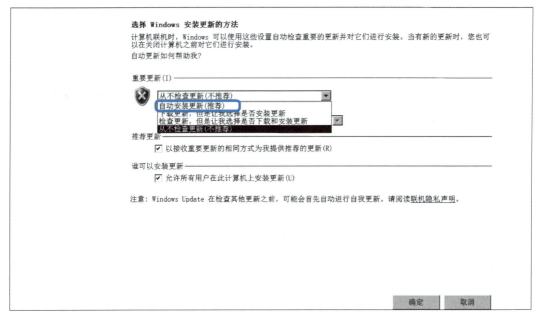

图 3.3.3－3　选择自动安装更新

在设置好后,单击"确定"按钮,这样就设置系统自动更新了。

步骤四：观察系统更新状态

为了保证系统自动更新正常工作,在设置完成后,小唐点按对话框左侧的"检查更新",以让系统检测是否可以连网自动更新。如图 3.3.3－4 所示。

图 3.3.3－4　系统更新状态

检查完成后,在对话框中会显示检查更新的时间和安装更新的时间,表示自动更新的工作是正常的。

3.3.4　拓展与提高

Windows 安全公告　VS　Windows 安全通报

1. Windows 安全公告

Microsoft 安全响应中心每月发布一次安全公告，描述将在当月发行的安全更新。将会解决 Microsoft 软件中的安全漏洞、描述补救措施，并为受影响的软件提供适用的更新链接。每个安全公告附带一篇唯一的知识库文章，提供关于更新的详细信息。与 Microsoft 技术安全通知保持同步更新，可帮助保护您的计算环境。

安全公告参考以下网址：

https://technet.microsoft.com/zh-cn/library/security/dn631937.aspx

2. Windows 安全通告

Microsoft 安全通告是 Microsoft 安全公告的补充。它们解决可能不需要发布安全公告但仍然影响客户总体安全性的安全更改。Microsoft 安全通报是 Microsoft 与用户就那些可能不归类为漏洞并且可能并不需要安全公告的问题交流安全信息的一种方式。每个通报都附带一篇 Microsoft 知识库文章，提供有关通报发布的任何更改或更新的详细信息。

安全通告参考以下网址：

https://technet.microsoft.com/zh-cn/library/security/dn631936.aspx

3.3.5 思考与练习

2017 年的 5 月份，互联网上爆发了大规模的勒索病毒安全事件。请你在互联网查阅相关信息。为你的系统安装相应的补丁更新。

3.4 WSUS 服务配置

3.4.1 任务描述

主管要求小唐对公司内网中不能够直接访问 Internet 的机器，配置自动更新。由于不能直接访问互联网，因此需要在内部架设 WSUS 服务器。

小唐接受了这个任务，在一台 Windows Server 2008 R2 的服务器上安装并配置 WSUS3.0 SP2。

3.4.2 任务分析

小唐在互联网上查阅了相关资料后，了解到要完成这个任务，需要完成以下的工作事项：

（1）安装 WSUS。
（2）配置 WSUS 服务器。
（3）配置 WSUS 客户端。

3.4.3 方法与步骤

步骤一：安装 WSUS 服务

小唐在服务器管理器中选择"添加角色"链接，系统弹出"选择服务器角色"对话框，如图

3.4.3-1 所示。

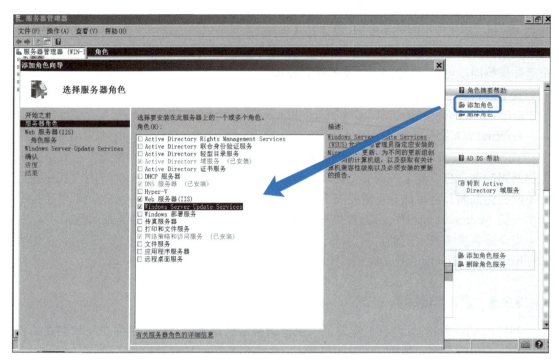

图 3.4.3-1 选择 Windows Server Update Services

在图中,勾选"Windows Server Update Services"选项,按向导提示完成配置后,确认安装的组件,如图 3.4.3-2 所示。

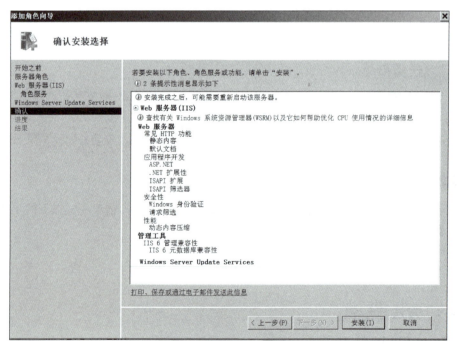

图 3.4.3-2 确认安装

步骤二：WSUS 安装向导

在开始安装 WSUS 前，机器必须保证联网，完成之后系统会自动启动 WSUS 配置向导，如图 3.4.3-3 所示。

图 3.4.3-3　许可协议

确认接受协议后，系统提示需要安装管理组件，如图 3.4.3-4 所示。

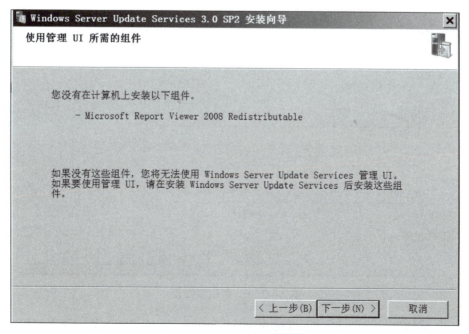

图 3.4.3-4　安装组件

单击"下一步"按钮,系统提示配置补丁存放位置,如图3.4.3-5所示。

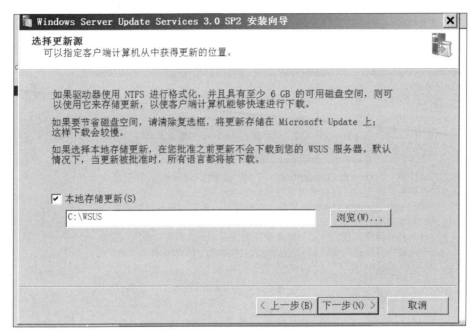

图3.4.3-5　补丁位置

在上图中,将本地存储更新设为C:\WSUS后,系统提示需要配置WSUS服务器数据库存放位置,如图3.4.3-6所示。

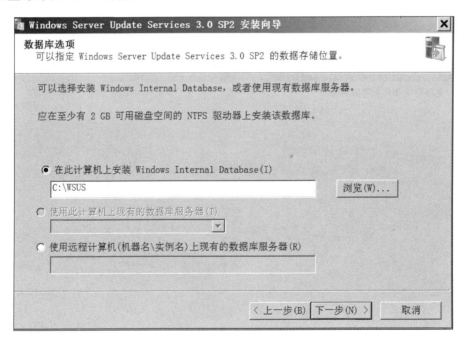

图3.4.3-6　数据库位置

在上图,将数据库的存储位置,也设为:C:\WSUS。系统提示配置WSUS所使用的站点,如图3.4.3-7所示。

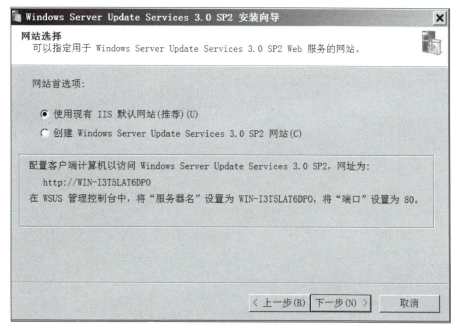

图 3.4.3-7　WSUS 所使用的 WEB 站点

完成上图配置后,单击"下一步"按钮,系统要求确认安装配置。如图 3.4.3-8 所示。

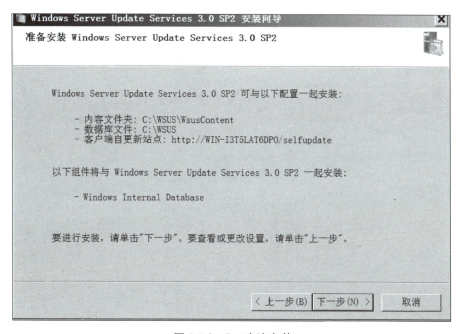

图 3.4.3-8　确认安装

确认无误后,单击"下一步"按钮。系统便开始安装。

步骤三:WSUS 配置向导

系统安装 WSUS 后,便启动 WSUS 的配置向导。如图 3.4.3-9 所示。

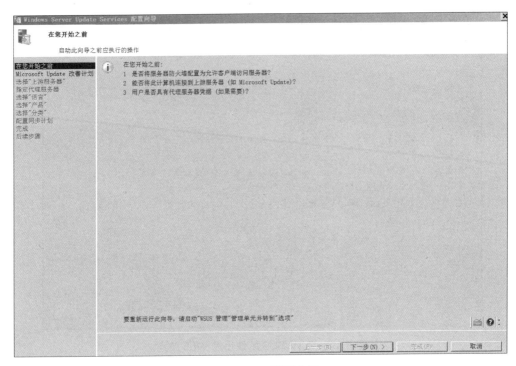

图 3.4.3-9　配置向导

上图中直接单击"下一步"按钮，系统提示"是否加入改善 Windows 计划"。如图 3.4.3-10 所示。

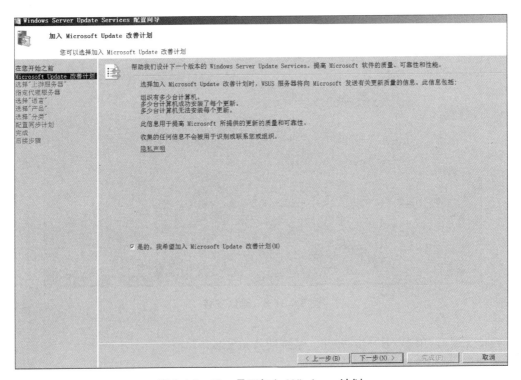

图 3.4.3-10　是否加入 Windows 计划

在上图中,勾选"是的,我希望加入 Windows Update 改善计划"选项后,系统提示选择"上游服务器"(即配置同步设置)。配置同步有两个选项:从 Windows update 进行同步或者从其他 WSUS server 同步,如图 3.4.3－11 所示。

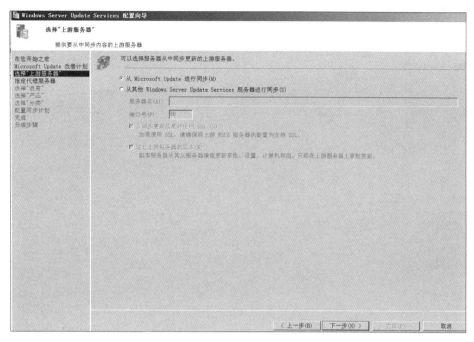

图 3.4.3－11　配置上游服务器

小唐选择"从 Microsoft Update 进行同步",这样做可以直接与微软的更新服务器进行同步。单击"下一步"按钮后,系统要求配置代理服务器。如图 3.4.3－12 所示。

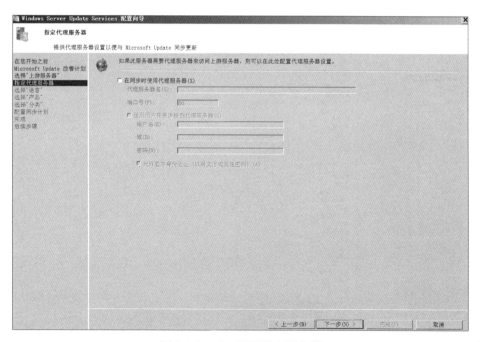

图 3.4.3－12　配置代理服务器

由于,小唐的服务器是直接连接互联网,因此,小唐在上图中不勾选代理服务器。单击"下一步"按钮后,向导提示是否进行同步连接,如图 3.4.3－13 所示。

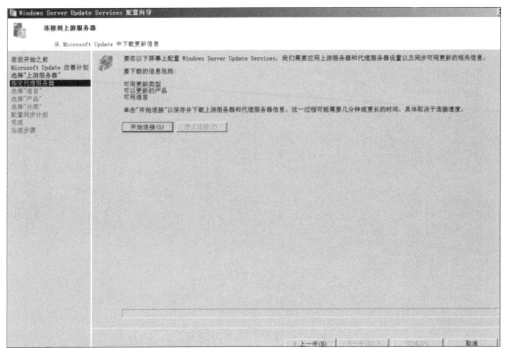

图 3.4.3－13　同步连接

在上图中,小唐单击"下一步"按钮后,向导还会要示配置语言,如图 3.4.3－14 所示。

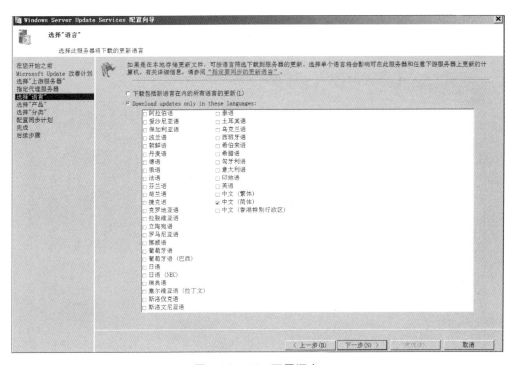

图 3.4.3－14　配置语言

在上图中,选择所需的语言为"中文",勾选后单击"下一步"按钮,向导提示配置产品。所谓配置产品,也就是选择 WSUS 将同步哪些系统或者软件的补丁,如图 3.4.3－15 所示。

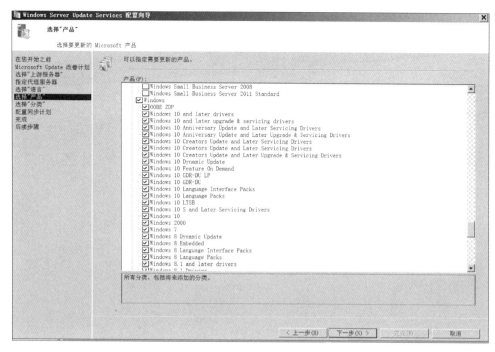

图 3.4.3－15　选择产品

小唐根据公司内部需求,选择了 WINDOWS 10 的产品。单击"下一步"按钮,向导提示配置分类。配置分类:选择所需要同步的补丁类型,如图 3.4.3－16 所示。

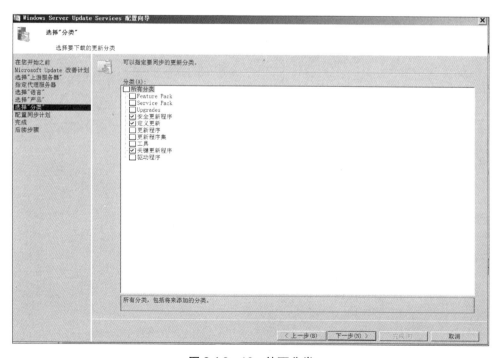

图 3.4.3－16　补丁分类

小唐如上图中选择了相应的更新分类,单击"下一步"按钮,向导提示配置同步计划,如图 3.4.3－17 所示。

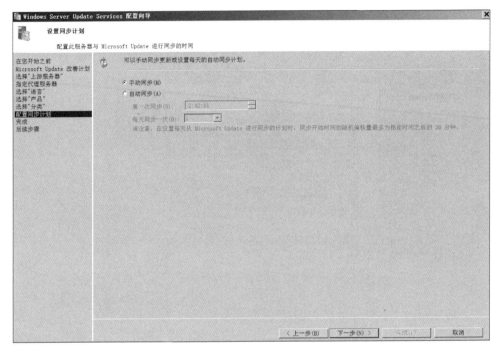

图 3.4.3－17　同步计划

上图中,小唐选择了"手动同步",并单击"下一步"按钮。这样就完成了配置。如图 3.4.3－18 所示。

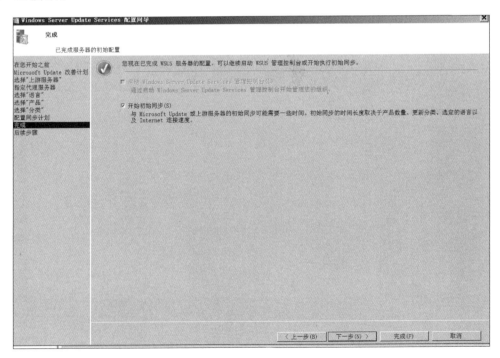

图 3.4.3－18　完成配置

上图中,只要单击"完成"按钮,便完成了 WSUS 的配置,WSUS 服务器就可以开始工作了。

步骤四:WSUS 客户端配置

客户端的配置使用局域网中的 WSUS,需要编辑组策略。

WIN+R 打开运行对话框,输入 gpedit.msc。打开组策略管理器,如图 3.4.3-19 所示。

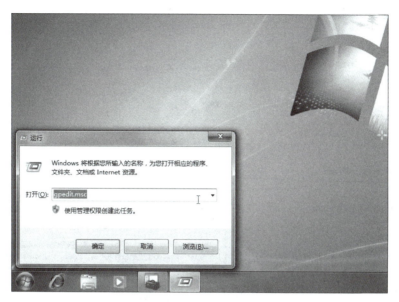

图 3.4.3-19 运行对话框

在组策略里找到 Windows update 更新服务位置,如图 3.4.3-20 所示。

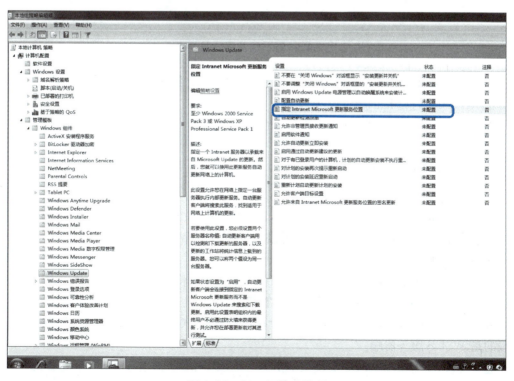

图 3.4.3-20 组策略选项

配置 Windows update 更新服务位置,如图 3.4.3‐21 所示。

图 3.4.3‐21　配置更新服务器

在上图中,输入正确的 WSUS 的服务器地址,配置完组策略后,一定使用命令"gpupdate/force",使得组策略在本机生效。

提示:域环境下,要以使用组策略统一布置。

3.4.4　拓展与提高

1. WSUS 的简介

WSUS 是 Windows Server Update Services 的简称,它在以前 Windows Update Services 的基础上有了很大的改善。目前的版本可以更新更多的 Windows 补丁,同时具有报告功能和导向性能,管理员还可以控制更新过程。

Windows Server 更新服务(WSUS)使 IT 管理员能够将最新的 Microsoft 产品更新部署至运行 WINDOWS 操作系统的网络中的计算机上。

WSUS 采用 C/S 模式,客户端已被包含在各个 WINDOWS 操作系统上。从微软网站上下载的是 WSUS 服务器端。

通过配置,将客户端和服务器端关联起来,就可以自动下载补丁了,这个配置几乎就是使用 WSUS 的全部工作了。

配置工作是区分域与工作组环境的,在域的前提下,可以通过设置域的组策略来实现,比较简单。在工作组的环境里,因为配置是需要用到管理员权限,于是就变成了逐台配置。

2. WSUS 的布署结构

WSUS 部署方案可以分为简单 WSUS 部署和多台 WSUS 部署。

简单 WSUS 部署结构如下图 3.4.4-1 所示:

上图的这个布署结构,就是简单的布署结构。局域网内有一台 WSUS 服务器。它向微软在 Internet 上的更新服务器同步更新,客户端向它进行同步,有效减少网络出口流量,并能使客户端及时得到相应的补丁更新。

多台 WSUS 服务器部署结构,如图 3.4.4-2 所示。

当局域网的机器太多时,一台 WSUS 就不能满足全网的更新要求,这时可以布署多台 WSUS 服务器,将客户端分别指向不同 WSUS 有效提高更新速度和体验。

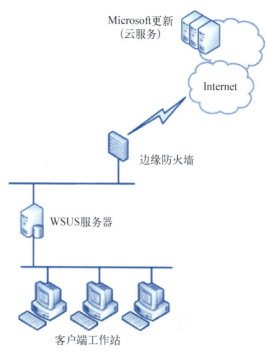

图 3.4.4-1 单台 WSUS 的布署

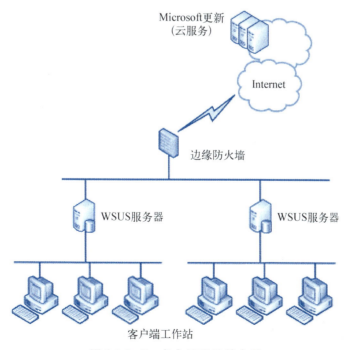

图 3.4.4-2 多台 WSUS 的布署

3. WSUS 的布署实例

管理员可部署多台运行 WSUS 的服务器,从而同步其组织内部网络中的所有内容。在图 3.4.4-3 中,只有一台服务器与 Internet 接触。在该配置中,这是唯一从 Microsoft 更新下载的更新服务器。将该服务器设置为上游服务器，它是下游服务器同步的源。在适当情况下，服务器可遍布于在地理上分散的网络中，以向所有客户端计算机提供最佳连接。管理员甚至可以创建更加复杂的 WSUS 服务器层次结构，如下图自治服务器和副本模式所示：

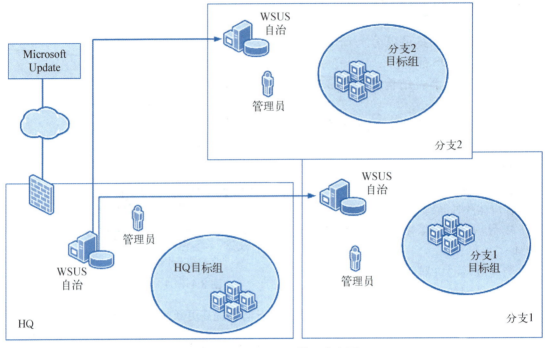

图 3.4.4-3　WSUS 的层次布署

3.4.5　思考与练习

如果设置几台副本服务器以连接到单台上游 WSUS 服务器，应该如何计划在每台副本服务器上运行同步？

3.5　Linux 系统补丁手动更新

3.5.1　任务描述

小唐在完成了 Windows 的补丁更新后，按照主管的要求，对公司的 Linux 服务器，也进行了补丁的手动更新。Linux 主机的补丁更新，可以依赖系统命令，也可以使用源码包进行补丁更新。

3.5.2　任务分析

在本次任务中，小唐的主要的工作任务是：

(1) REDHAT 手动更新补丁。
(2) DEBIAN 手动更新补丁。
(3) 使用源码包进行补丁更新。

3.5.3 方法与步骤

步骤一：REDHAT 手动更新补丁

在 redhat 系统中，可以使用 yum update 对软件进行更新，从而更新补丁，如图 3.5.3－1 所示。

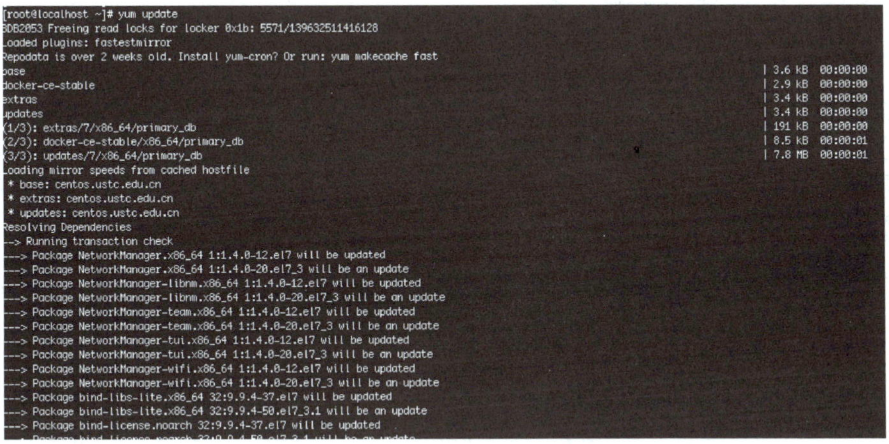

图 3.5.3－1　redhat 手动更新补丁

在图中可以看到，很多软件都在安装更新包。

步骤二：DEBIAN 手动更新补丁

在 Debian 系统中，只需要使用 apt 命令。即可完成补丁的更新。更新命令如下："apt-get update && apt-get upgrade"，命令执行的效果，如图 3.5.3－2 所示。

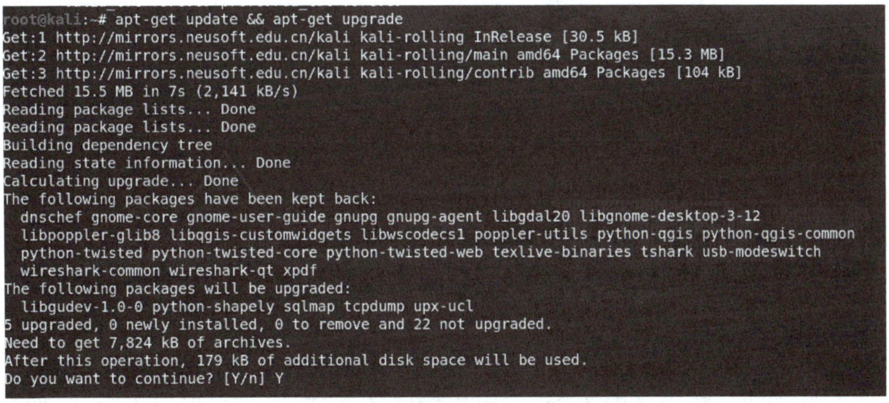

图 3.5.3－2　Debian 手动更新补丁

步骤三：使用源码包进行补丁更新

如果是自行编译安装的软件，那么打补丁就需要去官方下载源码包，重新编译安装即可。图 3.5.3－3 中，给出的是下载 SAMBA 服务软件的源码包地址。

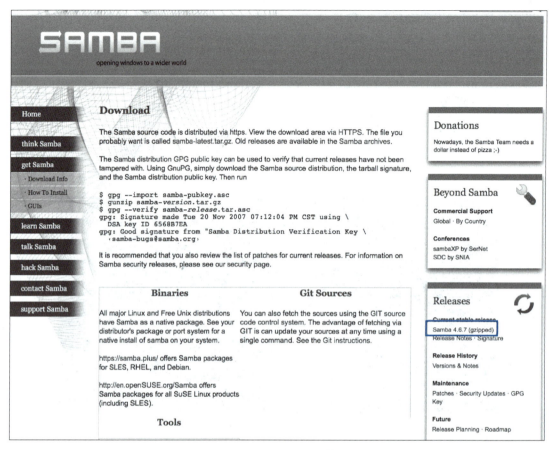

图 3.5.3-3　源码下载

注：一般源码编译的要求比较高，建议还是采用步骤一、二中的方法进行更新。

3.5.4　拓展与提高

1. 软件仓库

软件仓库是一个预备好的目录，或是一系列存放软件的服务器，或是一个网站，包含了软件包和索引文件。软件管理工具，例如 yum，可以在仓库中自动地定位并获取正确的 RPM 软件包。这样，您就不必手动搜索和安装新应用程序和升级补丁了。只用一个命令，您就可以更新系统中所有软件，也可以根据指定搜索目标来查找安装新软件。

多数 Linux 发行版都有自己的软件安装、配置方案，同时还有各自的软件包管理系统。为了省去用户四处寻找合适软件安装包的麻烦，这些发行版将常用的软件集中到一个服务器上，并为用户提供了自动下载、安装软件的接口，这就是我们所说的"软件仓库"。为了方便大众访问，人们为这些软件仓库建立了大量的"镜像"，使世界各地的用户都能方便地使用。不同发行版的软件仓库一般不同，如用户接口各异、软件丰富程度不同、镜像分布不同等等。

2. REDHAT 软件仓库的配置

REDHAT 系列的发行版采用 YUM 软件包管理工具。YUM 仓库配置目录：/etc/yum.repos.d，以.repo 结尾的都是软件仓库，下面以 CentOS7.2 为例配置 CentOS-Base.repo

使用阿里云源（请正确使用对应版本的仓库源）：

［base］
name = CentOS - $releasever - Base
failovermethod = priority
baseurl = http://mirrors.aliyun.com/centos/$releasever/os/$basearch/
http://mirrors.aliyuncs.com/centos/$releasever/os/$basearch/
gpgcheck = 1
gpgkey = http://mirrors.aliyun.com/centos/RPM-GPG-KEY-CentOS-7
http://mirrors.aliyuncs.com/centos/RPM-GPG-KEY-CentOS-7

在文件使用多个命令，解释如下：

［base］：是指此仓库名，可自定义，这里基本库都默认使用 base。配置多个仓库名记得不要重复。

name =：是对此仓库的描述。

baseurl：是指仓库位置，它是仓库设置中最重要的部分，只有设置正确，才能从上面获取软件，后面的支持多种路径类型：http/https、ftp、file。

gpgcheck：是指是否进行 gpg 校验，1 是校验，0 是不校验，这是为了验证软件包。

gpgkey：指定 gpg 校验 key 的路径。

配置完成后，先 yum clean all 清除旧的仓库缓存记录，然后 yum update 更新仓库缓存，再安装和更新软件就会从指定源安装。

3. Debian 软件仓库的配置

Debian 系列的发行版，它们的管理工具就是 apt。它们的软件仓库配置文件路径：

/etc/apt/sources.list

/etc/apt/sources.list.d

一般直接配置 sources.list 就可以，也可以在 sources.list.d 里自定义命名文件 xxxx.list 再配置。

下面是 sources.list 的一行国内源字段配置（以下以阿里云源为例）。

deb http://mirrors.aliyun.com/ubuntu/ trusty main restricted universe multiverse

deb - src http://mirrors.aliyun.com/ubuntu/ trusty main restricted universe multiverse

整个结构是遵循以下格式：

deb/deb - src ［options］ uri suite ［component1］［component2］［…］

格式中的参数解释如下：

deb 这一栏只有两种写法，分别为 deb 与 deb-src，前者表示所指向的为存放 binary 格式（编译好执行文件的软件套件）软件套件的服务器位置，后者则为 sources 格式（包含源码的软件套件）软件套件的服务器位置。

uri 指的就是软件套件来源位置，这些位置可以是：file、cdrom、http、ftp、copy、rsh、ssh 等几个参数，当然，用得最多的是 http/https/ftp。

suite 指你打开 uri 链接，访问到 dists 目录下有个你对应 Linux 发行版的套件名称目录在 source.list 文件修改完成并保存后，要使用 apt-get update 命令更新软件源的缓存。

3.5.5 思考与练习

为什么"软件仓库"会成为 Linux 发行版本的一个重要特性？

3.6 Linux 系统补丁自动更新

3.6.1 任务描述

每次都进行手动更新，极大地增加了网管小唐的工作量，在经过仔细的思考之后，小唐计划为 Linux 系统配置补丁的自动更新。通过查阅官方手册，小唐为 Debian 服务器和 RedHat 服务器配置了自动更新。

3.6.2 任务分析

本任务中，小唐的主要工作任务如下：
（1）DEBIAN 自动更新补丁。
（2）REDHAT 自动更新补丁。

3.6.3 方法与步骤

步骤一：DEBIAN 自动更新补丁

1. 安装自动更新软件

在 DEBIAN 系统中，如果要使软件进行自动更新，那么我们需要使用到以下两个软件：
- ✓ unattended-upgrades
- ✓ apt-listchanges

小唐在终端执行命令：

    apt－get install unattened－upgrades apt－listchanges

执行的显示信息如图 3.6.3－1 所示。

图 3.6.3－1 debian 安装自动更新的软件

2. 配置 unattended-upgrade

在终端中，使用命令：

vim /etc/apt/apt.conf.d/50unattended-upgrades

查找 Unattended-Upgrade：: Mail "root"；去除注释。如图 3.6.3-2 所示。

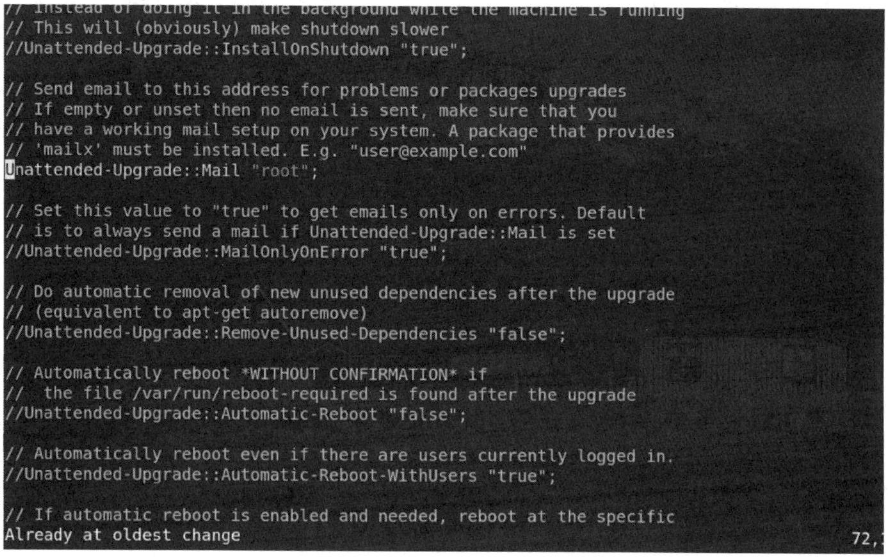

图 3.6.3-2　配置 unattended-upgrade

3. 启动自动更新，命令如下：

　　　　　　dpkg-reconfigure -plow unattended-upgrades

命令执行后，弹出配置向导界面，如图 3.6.3-3 所示。

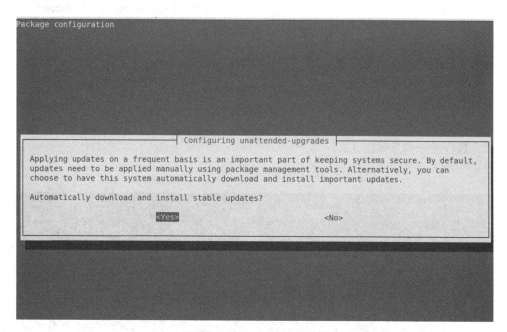

图 3.6.3-3　启动自动更新

在上图中，选择"YES"，启用自动更新。向导弹出"配置自动更新软件版本"界面。如图 3.6.3-4 所示。

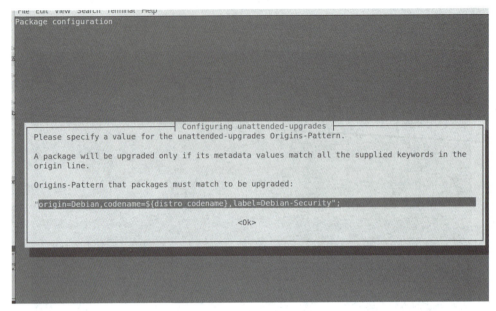

图 3.6.3-4　选择服务器版本

上图中是向导自动显示出来，按默认即可，选择"OK"完成配置。向导退出，并给出已经替换配置文件的消息，如图 3.6.3-5 所示。

图 3.6.3-5　完成配置

步骤二：REDHAT 自动更新补丁

1. 安装自动更新软件

在 REDHAT 系统中，如果要使软件进行自动更新，那么需要使用到 yum-cron 软件。小唐在终端窗口输入命令：yum install yum-cron

命令执行显示信息如图 3.6.3-6 所示。

图 3.6.3-6 中显示了安装完后的信息：软件安装完成。

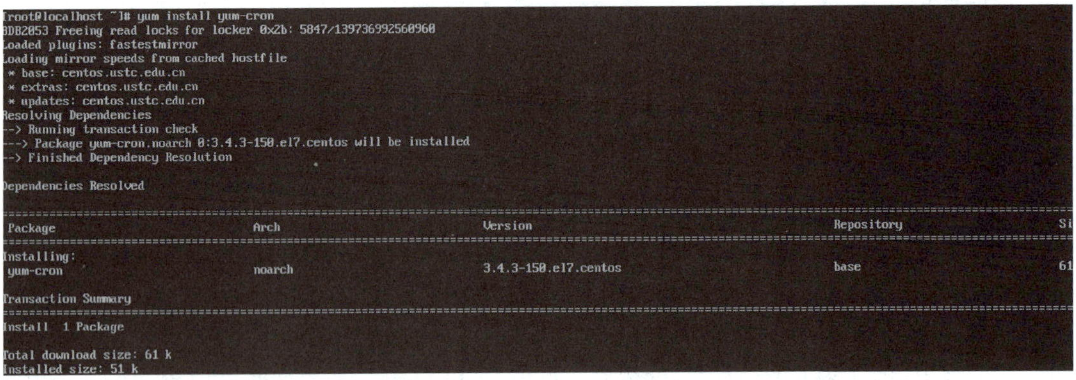

图 3.6.3-6　安装 yum-cron 软件

2. 配置 yum-cron

在终端中输入：vim　/etc/yum/yum-cron.conf。如图 3.6.3－7 所示。

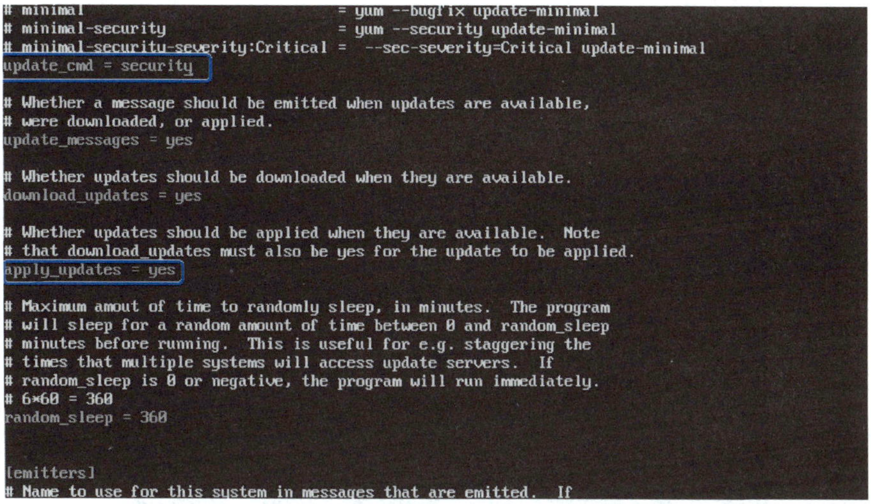

图 3.6.3－7 编辑 yum-cron 的配置文件

按上图中框出的位置修改。保存并退出。

3. 启动自动更新服务，并开机自启

在终端中输入如下命令：

systemctl start yum-cron

systemctl enable yum-cron

执行命令的信息如图 3.6.3－8 所示。

图 3.6.3－8　启动 yum-cron 服务

完成这几步配置，REDHAT 系列的 Linux 发行版就可以自动更新软件了。

3.6.4　拓展与提高

1. crond 服务简介

crond 是 Linux 下用来周期性的执行某种任务或等待处理某些事件的一个守护进程，与 Windows 下的计划任务类似，当安装完成操作系统后，默认会安装此服务工具，并且会自动启动 crond 进程，crond 进程每分钟会定期检查是否有要执行的任务，如果有要执行的任务，则自动执行该任务。

Linux 下的任务调度分为两类，系统任务调度和用户任务调度。

系统任务调度：系统周期性所要执行的工作，比如写缓存数据到硬盘、日志清理等。在/etc 目录下有一个 crontab 文件，这个就是系统任务调度的配置文件。

用户任务调度：用户定期要执行的工作，比如用户数据备份、定时邮件提醒等。用户可以使用 crontab 工具来定制自己的计划任务。所有用户定义的 crontab 文件都被保存在/

var/spool/cron 目录中,其文件名与用户名一致。

2. crontab 文件的含义

用户所建立的 crontab 文件中,每一行都代表一项任务,每行的每个字段代表一项设置,它的格式共分为六个字段,前五段是时间设定段,第六段是要执行的命令段,格式如下:(如图 3.6.4-1 所示)

minute　hour　day　month　week　command

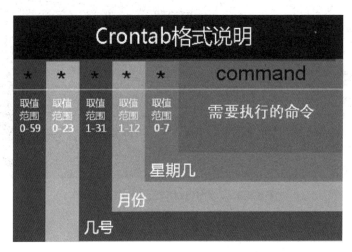

图 3.6.4-1　crontab 的格式

其中:
minute:表示分钟,可以是从 0 到 59 之间的任何整数。
hour:表示小时,可以是从 0 到 23 之间的任何整数。
day:表示日期,可以是从 1 到 31 之间的任何整数。
month:表示月份,可以是从 1 到 12 之间的任何整数。
week:表示星期几,可以是从 0 到 7 之间的任何整数,这里的 0 或 7 代表星期日。
command:要执行的命令,可以是系统命令,也可以是自己编写的脚本文件。

3. 设置系统的计划任务

配置系统的计划任务是编辑/etc/crontab 文件进行设置。具体步骤如下:

(1) 在终端中使用命令进行编辑。

vim　/etc/crontab

按格式编辑完成后,保存并退出

(2) 重启系统 crond 服务。

/etc/crontab 的示例:

10 3 * * 0,6 hello

就是每周六、周日的 3 点 10 分执行 hello 程序。

15 4 * * 4-6 hello

就是从周四到周六的 4 点 15 点执行 hello 程序。

4. 设置用户的计划任务

设置用户的计划任务,就要使用 crontab 命令。其具体格式如下:

crontab [-u user] file

crontab [-u user] [-i] { -e | -l | -r }

- -u user：用于设定某个用户的 crontab 服务；
- file：file 为命令文件名，表示将 file 作为 crontab 的任务列表文件并载入 crontab；
- -e：编辑某个用户的 crontab 文件内容，如不指定用户则表示当前用户；
- -l：显示某个用户的 crontab 文件内容，如不指定用户则表示当前用户；
- -r：从 /var/spool/cron 目录中删除某个用户的 crontab 文件；
- -i：在删除用户的 crontab 文件时给确认提示。

命令执行后，按格式配置计划任务即可。

3.6.5 思考与练习

尽管有 yum-cron 命令，但是很多时候，我们还是喜欢通过自己编写 crond 脚本来实现更新。请设置在每天凌晨 2 点半更新系统，更新后清除下载的更新包。

提示：更新系统与下载更新包命令为：yum -y update && yum clean packages

4 操作系统账户管理

4.1 单元主要任务

小唐目前负责公司的相关服务器的系统维护工作,其中一项重要的工作任务就是按照公司的岗位角色和权限要求,创建相关人员配置账号。这项工作需要非常认真仔细,因为主管强调,需要按照"权限最小化"和"知必所需"的原则,进行账号权限的配置。经过小唐的不懈努力,终于达到了主管的要求,对公司每个服务器的不同账号,都按照账号要求和口令策略进行了配置。同时学会了创建 Windows 系统隐藏账户和检查 Windows 系统是否存在隐藏账户、修改 Linux 系统密码策略。

4.2 单元内容提示

操作系统账户管理是企业运营中的一项重要工作,一般的企业都会指定统一的账户命名规则,账户的申请、创建、分发、禁用、回收、废弃的制度和流程。通过本章的学习,学生将掌握在企业中如何根据流程的要求,完成账户的相关操作:

本章的主要内容包括:
(1) 检查并删除无用账号。
(2) 检查口令复杂度和锁定策略。
(3) 检查 Windows 系统是否存在隐藏账户。
(4) 检查 Linux 系统是否存在隐藏的账户。
(5) 修改 Linux 账户的密码策略。

4.3 Windows 系统账号管理

4.3.1 任务描述

通常,在 Windows 环境下,会采取图形化的操作方式来创建用户,但有时候使用 net user 命令会更加方便和快速。在渗透测试过程中,通常通过命令注入的漏洞来完成用户的添加。

本任务就是要求小唐对两种方法都进行实验,并要求记录实验过程。

4.3.2 任务分析

图形化界面可以通过菜单中的选择,也可以在运行命令处输入:lusrmgr.msc 命令。打开本地用户和组的管理界面,进行创建。而在我们渗透过程中却经常需要使用到命令行创建用户,那就是 net user 命令集,本任务的两个操作:

(1) 使用图形化界面创建本地用户和组。
(2) 使用 net 命令。

4.3.3 方法与步骤

步骤一:创建本地用户账户

我们可以使用"本地用户和组"来创建本地用户账户,在运行中输入 lusrmgr.msc 打开"本地用户和组"对话框。

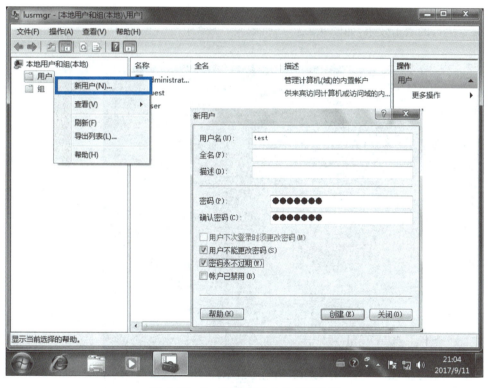

图 4.3.3‐1 图形创建本地用户和组

然后,如上图所示,右单击用户,选择"新用户"选项,弹出上图窗口。
在创建时,账户名称各选项的含义如下:

➢ 用户下次登录时必须更改密码

用户在下次登录时,系统会显示一个要求用户更改密码的对话框,这个操作可以确保只有该用户自己知道更改的密码。

➢ 用户不能更改密码

它可以防止用户更改密码。不可同时选择用户下次登录时必须修改密码与用户不能更

改密码

> 密码永不过期

系统默认是 42 天后会要求用户更改密码,但若选择此项,则系统永远不会要求该用户更改密码。不可同时选择用户下次登录时必须更改密码与密码永不过期

> 账户已禁用

它可以防止用户使用此账户登录。

现在,我们在上图中,填入合适的用户名 test,输入两次密码。勾选"用户不能更改密码"和"密码永不过期"这两项,单击"确定"按钮即可完成用户的创建。

步骤二:使用 net 命令管理用户,用户组

我们可以使用 net 命令快速管理用户,用户组

1. 管理用户

net user ＜username＞ ＜password＞ /add　　　创建用户

net user ＜username＞ ＜password＞　　　　　修改用户密码

net user ＜username＞　/del　　　　　　　　删除用户

命令执行的攻击效果,如图 4.3.3 - 2 所示。

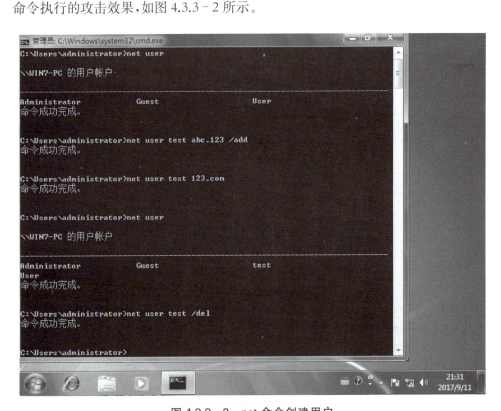

图 4.3.3 - 2　net 命令创建用户

2. 管理用户组

net localgroup　　　　　　　　　　　　　　　显示当前存在的组

net localgroup ＜groupname＞ /add　　　　　创建用户组

net localgroup ＜groupname＞ ＜username＞ /add　　将用户加入用户组

net localgroup ＜groupname＞ /del　　　　　　删除用户组

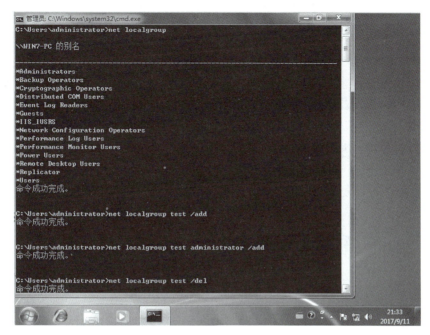

图 4.3.3‑3　net 命令创建用户组

4.3.4　拓展与提高

Net 命令

net view 命令：

显示域列表、计算机列表或指定计算机的共享资源列表

net user 命令：

添加或更改用户账号或显示用户账号信息

net time 命令

使计算机的时钟与另一台计算机或域的时间同步

net start 命令

net start service　启动服务或显示已启动服务的列表

net pause 命令

net pause service　暂停正在运行的服务

net continue 命令

net continue service　重新激活挂起的服务

net stop 命令

net stop service　停止 Windows 网络服务

net share 命令

创建、删除或显示共享资源

net session 命令

列出或断开本地计算机和与之连接的客户端的会话

net localgroup 命令

添加、显示或更改本地组

4.3.5 思考与练习

Net 命令是黑客的助手，NET 命令是功能强大的以命令行方式执行的工具。它包含了管理网络环境、服务、用户、登陆等 Windows 中大部分重要的管理功能。使用它可以轻松的管理本地或者远程计算机的网络环境，以及各种服务程序的运行和配置。或者进行用户管理和登陆管理等。

很多时候，攻击会获得一个非图形界面的会话，并且目标服务器可能没有开放 3389 远程桌面访问，此时，依赖 net 系统命令，可以启动 3389 服务，获得图形访问许可。

4.4 Linux 系统账号管理

4.4.1 任务描述

在 Linux 平台下，虽然多数发行版也提供了图形界面的用户添加方式，但无论是从添加的方便程度，还是直观程度，都不如命令行下的操作直接。公司网络主管，给小唐添加了 Linux 系统的管理员账号，方便小唐进行服务器维护。

4.4.2 任务分析

在本任务中，小唐需要为 Linux 系统添加一个 TEST 用户账号，通过这个练习，小唐需要掌握 Linux 下的用户管理命令。为今后的安全账户管理工作打下基础。

4.4.3 方法与步骤

步骤一：创建本地用户账户

在 Linux 中我们需要使用 Linux 的命令来完成用户以及用户组的创建。如下图所示：

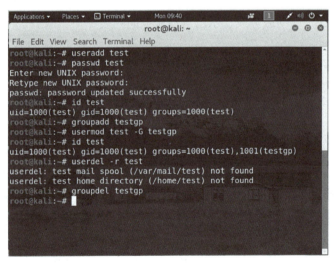

图 4.4.3－1 创建用户

在上图中,使用的相关命令如下:

1. useradd USERNAME　创建用户

-u:　　　　指定 UID

-g:　　　　基本组

-G:　　　　附加组,..（可以有多个,逗号分隔）

-c:　　　　注释信息

-d:　　　　/path　根目录

-s:　　　　指定系统可用的安全 shell　最好是/etc/shells 下的

-m -k:　　 强制创建根目录复制/etc/skel

-M:　　　　不给用户创建根目录

-r:　　　　添加系统用户

2. userdel：USERNAME　删除用户

-r:　　　　删除用户同时删除根目录

3. usermod　修改用户

-u:　　　　修改 UID

-g:　　　　修改 GID

-G:　　　　附加组　　　-a：追加　而不是覆盖

-c:　　　　注释信息

-d:　　　　修改用户登入时的目录

-s:　　　　修改 shell

-l:　　　　修改登录名

-e:　　　　指定过期时间

-f:　　　　非活动时间

-L:　　　　锁定用户

-U:　　　　解锁用户

4. Groupadd GRPNAME　创建组

-g:　　　　指定 GID

-r:　　　　添加为系统组

5. groupmod：修改

-g:　　　　GID

-n:　　　　GRPNAME

6. groupdel：GRPNAME　删除组

4.4.4　拓展与提高

虽然我们登陆 Linux 主机的时候,输入的是我们的账号,但是其实 Linux 主机并不会直接认识你的"账号名称",他仅认识 ID（ID 就是一组号码）。由于计算机仅认识 0 与 1,所以主机对于数字比较有概念,至于账号只是为了让使用者容易记忆而已。而你的 ID 与账号的对应信息就在/etc/passwd 当中。

在不同的系统中,UID 的值的范围也有所不同,但一般来说 UID 都是由一个 15 位的整数表示，其范围在 0～32767 之内，且有如下限制：

（1）超级用户的 UID 总为 0；

（2）按传统的做法，"nobody"（类 UNIX 系统的一种特殊账户）与超级用户相反，总占有数值最大的 PID，即 32767；相对应的，现今的系统为 nobody 分配的 UID 则在系统保留范围（1～100）或是 65530 - 65535 的范围内。

（3）数值于 1～100 内的 UID 约定预留给系统使用，有些手册则推荐在此基础上再预留 101～499（如 RHEL）甚至是 101～999（如 Debian）的 UID 以作备用；而相对应的，在 Linux 中用 useradd 命令创建第一个用户时，默认为之分配的 UID 则为 1000。

除此之外，有些特殊的系统也支持 16 位的 UID，因而 UID 的数目可以扩展到 65536 个；现代系统支持 32 位的 UID，这也使 UID 数目进一步扩充到 4,294,967,296 个成为可能。

4.4.5　思考与练习

在 Linux 操作系统下怎么样用命令行去修改用户的名称（也就是重命名），或者 UID/GID 切记不要手动用 vi 之类的文本编辑器去修改/etc/passwd 文件。

4.5　Windows 系统隐藏账号设置

4.5.1　任务描述

公司的一台 Windows 7 的机器，遭受了黑客攻击，从系统日志中分析发现，黑客可以远程登录，但是，使用 Net user 命令，并未发现异常账户。因此，小唐对这种情况展开了研究，发现了隐藏账号的设置方法。

4.5.2　任务分析

本任务中，小唐为了还原处理的实际过程。因此，他创建了一个隐藏账户，就知道了应该如何清除隐藏账户问题。具体工作如下：

（1）在 Windows 7 的计算机上创建后门用户。

（2）修改注册表 SAM 的相关键值。

（3）使用 Net user 查看账户是否存在。

（4）使用后门账户登录系统。

4.5.3 方法与步骤

步骤一：创建新的用户

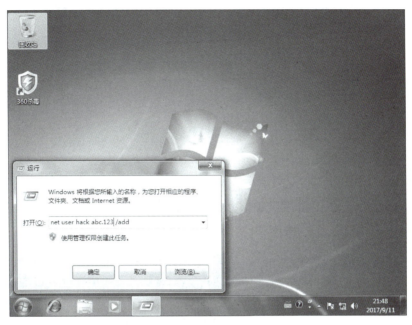

图 4.5.3–1　使用 net 创建用户

步骤二：打开注册表

运行，随后输入 regedit，寻找 SAM，并给当前用户添加权限。

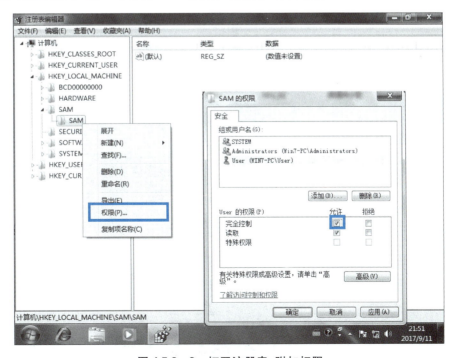

图 4.5.3–2　打开注册表，附加权限

步骤三：查找记录用户类型

进入\HKEY_LOCAL_MACHINE\SAM\SAM\Domains\Account\Users\Names，记录创建的用户和 administrator 的类型。

图 4.5.3-3 查找，记录用户类型

步骤四：修改 F 值

进入\HKEY_LOCAL_MACHINE\SAM\SAM\Domains\Account\Users\000001F4，复制 administrator 的 F 值，将其贴入。

\HKEY_LOCAL_MACHINE\SAM\SAM\Domains\Account\Users\000003F1（创建用户）F 值。

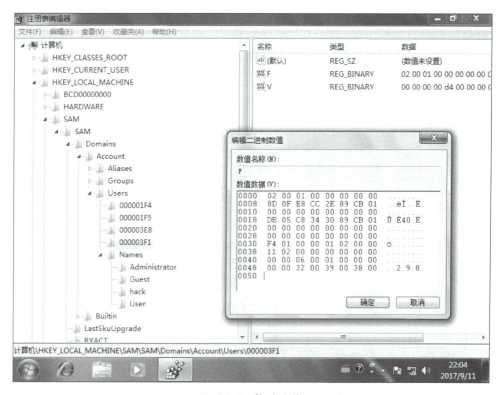

4.5.3-4 修改 F 值

步骤五：导出注册表键值

导出 000003F1 以及 hack 的键值。

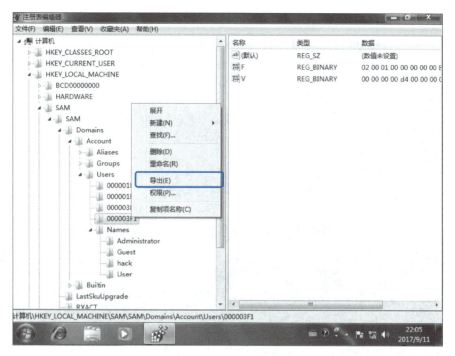

图 4.5.3-5 导出键值

步骤六：删除用户，并重新导入键值

在下图中，使用 net 用户命令：net user hack /del，便可以直接删除用户。直接双击 hack.reg 文件就可以将键值导入注册表，如下图所示。

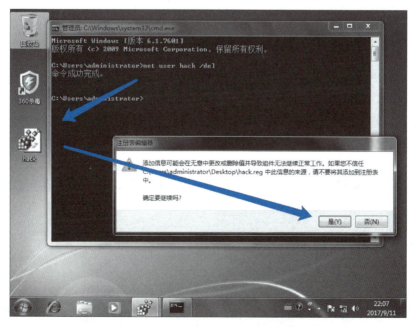

图 4.5.3-6 删除用户并导入键值

步骤七：使用后门账户登录系统

用户删除后，注销系统，测试后门账户是不是可以登录。实验结果，很明显是可以登录，如下图所示。

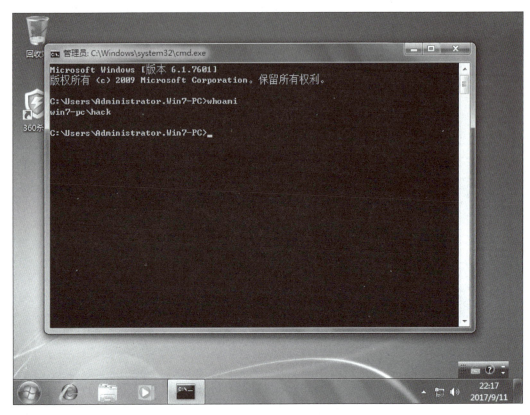

图 4.5.3-7 测试

4.5.3 拓展与提高

隐藏账户分为两种，一种是简单隐藏，即无法在命令提示符中查看到的隐藏账户；第二种是完全隐藏，不出现在控制面板的用户账户中，即使发现了也无法删除，只有通过专业工具才能清除。隐藏账户一般都具有管理员权限，可以完全控制系统。隐藏账户的出现，一是有可能我们的系统被黑客入侵，黑客为便于下次的登陆便做了隐蔽的后门，也就是我们所说的隐藏账户；第二就是使用了一些不安全的 ghost 系统克隆盘，这些光盘的制作者为了达到自己的目的，在系统中做了手脚，建立了隐藏账户。不管怎么样，系统中存在隐藏账户肯定不是什么好事。

思考与练习

如何检查和发现系统隐藏账户？

（1）比较 Net user 结果与注册表 SAM 下的 Name 的值的异同。

（2）可以使用专用的工具，Mt.exe 和 Local administrator Checker 检查系统隐藏账户后门。

4.6 Linux 后门账户发现

4.6.1 任务描述

小唐在检查完公司的 Windows 服务器之隐藏账户后门后,为了防止黑客通过 Windows 服务器渗透至 Linux 服务器,对 Linux 服务器的后门账户也做了检查。本任务就是要求小唐在 Linux 服务器查找后门账户。

4.6.2 任务分析

Linux 的后门账户,通常是使用 UID 为 0,GID 为 0 的账户名或是成为 root 的组账户的成员,做得更隐藏一点,就会将创建用户的命令编写成脚本,在用户不知情的情况下,运行。本任务中,小唐重点检查以下两方面:
(1) 检查 UID、GID 为 0 的用户。
(2) 检查 /etc/passwd 文件的修改时间。

4.6.3 方法与步骤

步骤一:查看/etc/passwd

使用 cat 命令,对 /etc/passwd 查看并利用 grep 过滤,快速搜索 UID 为 0 的后门账户。

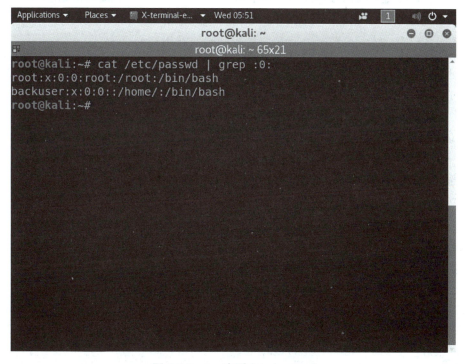

图 4.6.3-1 查看/etc/passwd

如上图中,我们就看到在/etc/passwd 的文件中,有一个名为 backuser 的用户,它的 UID 为零,GID 为零。这就是一个后门账户。

步骤二:查看/etc/passwd 修改时间

Linux 下的 stat 命令可以查看文件被修改的时间,下面小唐就使用 stat 命令查看/etc/password 修改时间,得到的结果如下图 4.6.3－2 所示。

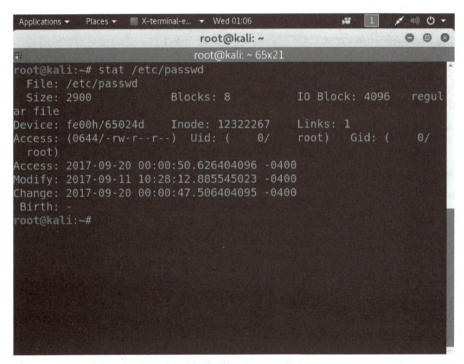

图 4.6.3－2　查看修改时间

Linux 的文件有三个时间属性,一是访问时间(access time),代表它何时被访问的;二是修改时间,代表文件内容被修改的时间;三是改变时间,代表文件属性变化的时间。因此,通过查看时间,可以知道文件是什么时候被访问与修改的。

在上图中,显示了/etc/passwd 在 2017－9－11 被修改了,而小唐记录的时间却不是这个时间,因此,根据判断这个文件已经被非授权的人访问过了。

4.6.4　拓展与提高

黑客经常使用 rootkit 恶意软件,来创建隐藏账户或者其他后门。为了防止通过 rootkit 和其他恶意软件的攻击,可以安装 rkhunter 和 chkrootkit,以便在桌面上扫描攻击者为控制您的计算机而安装的可疑文件。

安装 rkhunter,可遵循以下步骤:

(1) 返回到终端,选择 Applications＞Accessories＞Terminal。

(2) 在终端 shell 中,输入以下命令来安装 rkhunter:sudo aptitude install rkhunter

(3) 按下 Enter,安装程序开始运行。您将被告知该软件将使用多少空间。输入 Y,然后按 Enter 开始安装该软件。

rkhunter 成功安装之后,可以运行它来检查桌面,以发现恶意软件。在终端提示符下输入 sudo rkhunter --check，然后按下 Enter 开始扫描。当它在运行时，应该可以看到一系列的目录，这些目录的旁边有单词 OK 或 Warning。检查完这些目录之后，将要求您按下 Enter 继续扫描过程。Rkhunter 接下来扫描可能被安装到桌面上的已知的恶意软件。

要安装 chkrootkit，遵循以下步骤：
（1）在终端的提示符下输入以下命令：sudo aptitude install chkrootkit
（2）按下 **Enter** 开始安装过程。

chkrootkit 安装完成后，可以像运行 rkhunter 一样运行它。在提示符下，输入 sudo chkrootkit，然后按下 **Enter**。chkrootkit 立即开始扫描已知的漏洞和恶意软件。扫描完成后，您将回到终端提示符。

如果 rkhunter 或 chkrootkit 发现异常，它们会通知您，但是这些程序不会从计算机中删除文件。如果该程序向您发出警告，那么可以搜索被报告的漏洞或恶意软件。首先，确保发现的东西不是误报。然后，确定采取什么必要的步骤来消除桌面受到的威胁。有时候，只需更新操作系统或其他软件。有时候，必须找到恶意的程序，并将它从系统中删除。

4.6.7 思考与练习

通常，最有效的恢复方法是从干净的备份中，恢复系统文件；最有效的检查方法，是比对最初安全版本中的相关文件和备份文件是否相同。如何给 Linux 系统创建备份，如何检查文件是否被篡改过了呢？

备份的方法很多，可以通过软件备份，如安装 Home User Backup 和 Home User Restore。或者直接使用 tar 命令。

可以在系统某一个安全节点，创建系统文件的散列（哈希）值列表，一般在执行系统更新后，并将结果保存在离线位置。以后可以通过比较文件散列值的变化，来检查文件是否被篡改过。

4.7 Windows 系统修改密码策略

4.7.1 任务描述

密码策略是公司的一项重要安全策略，通过密码策略的配置，可以要求终端用户满足密码策略。一般来说，密码策略包含对密码长度、密码有效期等环节的设置。通过这部分设置，提高系统的安全性。

Windows 系统的密码策略设置主要是通过组策略编辑器。本任务要求小唐为公司的 Windows 系统部署密码策略。

4.7.2 任务分析

小唐通过查找相关资料对任务进行了分析，发现要修改组策略，需使用组策略编辑器，其命令是 gpedit.msc,其中密码策略是对用户进行密码强度、密码长度及密码使用时效等信息的设置。所以,小唐需要在本任务完成下列工作:
(1) 使用组策略编辑器。
(2) 寻找并设置密码策略。

4.7.3 方法与步骤

步骤一:打开组策略编辑器

开始运行→"gpedit.msc"命令,如图 4.7.3 – 1 所示。

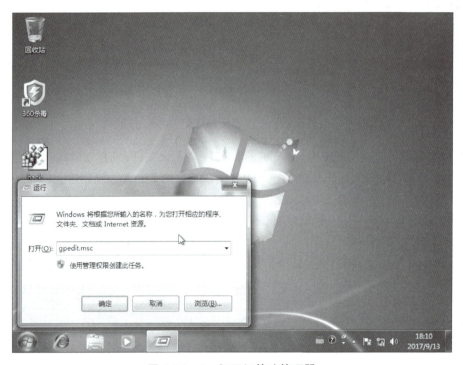

图 4.7.3 – 1　打开组策略管理器

步骤二:密码策略

在打开的窗口,选择"计算机配置→Windows 设置→安全设置→账户策略→密码策略"选项。

在图中的密码策略里,看到有如下策略:

➢ 密码必须符合复杂性要求

至少有六位字符

至少包含三种组合:大小写字母,数字,符号

不要包含用户的用户名或用户名中超过两个连续的字符

➢ 最短密码长度

此安全设置确定用户账户密码包含的最少字符。可以将值设置介于 1 – 14 之间,或者将字符数设置为 0 以确认不需要密码

➢ 密码最短使用期限

此安全设置确定在用户更改某个密码之前必须使用该密码一段时间(以天为单位),可

图 4.7.3-2 密码策略

以将值设置介于 1—998 天之间,或者将天数设置为 0,允许立刻更改密码

> **密码最长使用期限**

此安全设置确定在系统要求用户更改某个密码后可以使用这个密码的天数,在此天数后,用户必须更改密码。可以将值设置 1—999 之间,或者将天数设置为 0,永不过期。

> **强制密码历史**

此安全设置确定更改密码时,新密码必须与前 N 个密码不同,N 可以是 0 到 24 个密码之前

> **用可还原的加密来储存密码**

此安全设置确定操作系统是否使用可还原的加密来储存密码。

根据这些设置选项,小唐做了如下设置:

- 密码开启复杂性要求
- 最短密码长度,设为 8 位以上
- 密码最短使用期限,为 14 天
- 强制密码历史 3 次

步骤三:设置账户锁定策略

在账户策略的对话框里,还有账户锁定策略。考虑到系统账户的安全性,小唐在账户锁定策略里做了如下设置:

账户登录三次,将自动锁定;锁定时间为 30 分钟,解锁的时间也是 30 分钟。

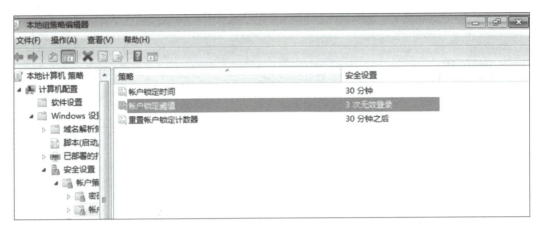

图 4.7.3-3 密码锁定策略

步骤四：应用组策略

在完成这些设置后，小唐还在 cmd 窗口中，使用命令应用了该策略。

选择开始→运行→cmd，打开 cmd 窗口，输入命令 gpupdate/force，如图 4.7.3-4 所示：

图 4.7.3-4 应用组策略

4.7.4 拓展与提高

为什么要设强密码与账户策略？

据统计：

(1) 50%的人如果不被强制要求，在一年内不会主动修改密码。

(2) 8%的人使用系统默认的密码。

(3) 33%的人会将口令写下来，然后放在抽屉里或夹到文件中。

(4) 79%的人，在被提问时，会无意间泄漏足以被用来窃取其身份的信息。

(5) 15%的人选择用手机等电子设备记录密码、银行账号等信息。

(6) 96%的人，会为不同的账号设置相同的密码。

从 LockDown.com 网站，我们了解到使用一台双核 PC + 暴力破解软件可以得到以下结果：

口 令 强 度	6 位长	8 位长
纯粹由数字组成	<1 秒	10 秒
小写或者大写字母组成	30 秒	348 分
大小写字母混合组成	33 分	62 天
数字+大小写字母组成	90 分	253 天
数字+大小写+符号组成	22 小时	23 年

由上面的统计结果可以看出,设置强密码和账户锁定策略是十分有必要的。

思考与练习

请同学使用搜索引擎熟悉使用 HASHCAT 的使用方法,然后做一个破解弱密码与强密码所花时间的对比试验,并形成试验报告。

4.8 Linux 系统修改密码策略

4.8.1 任务描述

如同 Windows 系统一样,Linux 操作系统也需要设置密码策略,来保障用户登录过程的安全可靠,预防密码的暴力猜解。在这个任务中,小唐需要完成 Linux 的密码及账户密码的策略。

4.8.2 任务分析

小唐经过学习获得 Linux 的账户密码策略设置是在/etc/login.defs 文件和 pam 的验证机制文件中修改相应的参数:
(1) 设置密码时间。
(2) 设置密码历史记录。
(3) 设置密码长度。
(4) 设置密码复杂度。

4.8.3 方法与步骤

步骤一:设置密码时间

使用 VIM 编辑/etc/login.defs 文件,可以设置当前密码的有效期限。

```
PASS_MAX_DAYS    99999    #密码的最大有效期,99999:永久有期
PASS_MIN_DAYS    0        #是否可修改密码,0 可修改,非 0 多少天后可修改
PASS_MIN_LEN     5        #密码最小长度,使用 pam_cracklib module,该参数不再有效
PASS_WARN_AGE    7        #密码失效前多少天在用户登录时通知用户修改密码
```

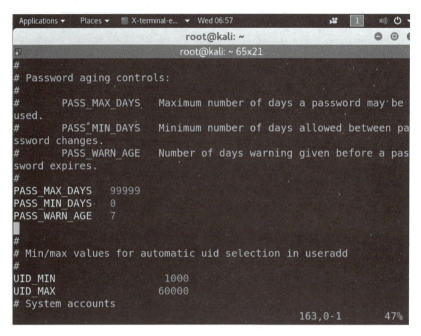

图 4.8.3-1　/etc/login.defs

步骤二：设置密码历史记录

接下去所需要修改的 3 个密码策略，我们需要编辑 Linux 系统 pam 模块中的/etc/pam.d/common-password。

找到同时有"password"和"pam_unix.so"字段并且附加有"remember＝5"的那行，它表示禁止使用最近用过的 5 个密码。（已使用过的密码会被保存在/etc/security/opasswd 下面）

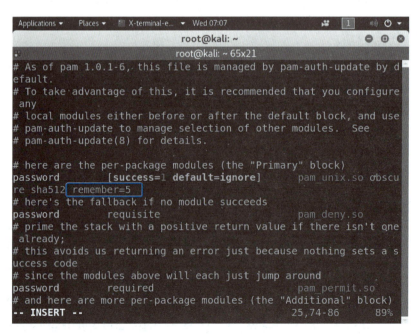

图 4.8.3-2　密码历史记录

步骤三：设置密码长度

找到同时有"password"和"pam_cracklib.so"字段并且附加有"minlen=10"的那行，它表示最小密码长度为 10 类型数量。这里的"类型数量"表示不同的字符类型数量。PAM 提供 4 种类型符号作为密码（大写字母、小写字母、数字和标点符号）。如果你的密码同时用上了这 4 种类型的符号，并且你的 minlen 设为 10，那么最短的密码长度允许是 6 个字符。

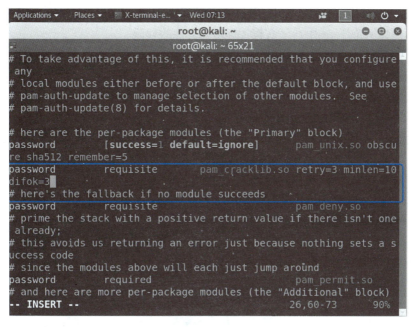

图 4.8.3-3　设置密码长度

步骤三：设置密码复杂度

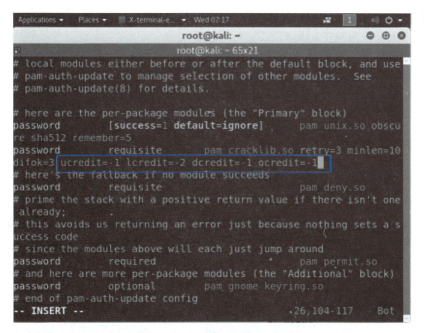

图 4.8.3-4　设置密码复杂度

（要查一下这个文件）找到同时有"password"和"pam_cracklib.so"字段并且附加有"ucredit＝－1 lcredit＝－2 dcredit＝－1 ocredit＝－1"的那行，它表示密码必须至少包含一个大写字母（ucredit），两个小写字母（lcredit），一个数字（dcredit）和一个标点符号（ocredit）。

4.8.4 拓展与提高

在现在的 Linux 和 unix 系统中，用户的密码都保存在 shadow 文件中，因为密码关系到系统的安全，所以只有 root 用户才有读 shadow 文件的权限。

shadow 中存放的内容是有着一定的格式的，使用"："进行分隔，具体含义如下：

username：用户名

passwd：密码 hash

last：密码修改距离 1970 年 1 月 1 日的时间

may：密码将被允许修改之前的天数（0 表示"可在任何时间修改"）

must：系统将强制用户修改为新密码之前的天数（1 表示"永远不能修改"）

warn：密码过期之前，用户将被警告过期的天数（－1 表示"没有警告"）

expire：密码过期之后，系统自动禁用账户的天数（－1 表示"永远不会禁用"）

disable：该账户被禁用的天数（－1 表示"该账户被启用"）

reserved：保留供将来使用

其中，密码 hash 列，用 $ 符号隔开了几个部分，依次表示：

$ 对应的加密算法

$ salt value

$ encrypt value

哈希算法是一个单向函数。它可以将任何大小的数据转化为定长的"指纹"，并且无法被反向计算。另外，即使数据源只改动了一丁点，哈希的结果也会完全不同（参考上面的例子）。这样的特性使得它非常适合用于保存密码，因为我们需要加密后的密码无法被解密，同时也能保证正确校验每个用户的密码。

在基于哈希加密的账户系统中，通常用户注册和认证的流程是这样的：

（1）用户注册一个账号。

（2）密码经过哈希加密储存在数据库中。只要密码被写入磁盘，任何时候都不允许是明文。

（3）当用户登录的时候，从数据库取出已经加密的密码，和经过哈希的用户输入进行对比。

（4）如果哈希值相同，用户获得登入授权，否则，会被告知输入了无效的登录信息。

（5）每当有用户尝试登录，以上两步都会重复。

在第 4 步中，永远不要告诉用户到底是用户名错了，还是密码错了。只需要给出一个大概的提示，比如"无效的用户名或密码"。这可以防止攻击者在不知道密码的情况下，枚举出有效的用户名。

4.8.5 思考与练习

使用一个字典软件生成一个字典文件，采用 hydra 工具破解 Linux 机器的密码。

5　Windows 授权和系统安全配置

5.1 单元主要任务

小唐接收到公司集团总部的一项通知,要求对公司全部 Windows 服务器的本地安全策略和系统安全配置进行检查。小唐利用搜索引擎和询问相关专业技术人员,了解到授权相关配置需要在本地安全策略中进行相关的配置,系统的安全配置主要功能是尽量不泄漏敏感信息。

5.2 单元内容提示

Windows 服务器的运维是在企业中最常见的运维工作,掌握基本的 Windows 服务器的安全运维技能,是无论作为甲方的运维人员、外包方,都需要掌握的技能。通过本章的学习,学生可以掌握基本的 Windows 服务器的安全配置,具体包括如下内容:

(1) 远程关机。
(2) 本地关机。
(3) 用户权限分配。
(4) 授权账户登录。
(5) 授权从网络访问。
(6) 屏幕保护设置。
(7) 远程连接挂起。
(8) 禁止系统自动登录。
(9) 隐藏最后登录名。
(10) 关闭 Windows 自动播放功能。

5.3 检查 Windows 授权

5.3.1 任务描述

小唐是通过远程桌面登录公司的服务器进行维护操作的。按照公司安全基线的要求,小唐使用的账户应该没有远程关闭服务器的权限。主管要求小唐,对所有的服务器进行安全检查,确认服务器有关的授权配置是否符合公司的要求。

5.3.2 任务分析

作为一家企业,这些安全策略是必须的。小唐整理了一下公司的要求。最后得到如下的安全策略。

(1) 远程关机。
(2) 本地关机。
(3) 用户权限分配。
(4) 授权账户登录。
(5) 授权从网络访问。

5.3.3 方法与步骤

步骤一:远程关机

此检查目的:只允许管理员组远程关机,降低风险。打开组策略编辑器,选择"计算机配置→Windows 设置→安全设置→本地策略→用户权限分配"选项,查看"从远端系统强制关机"设置是否为"只指派给 Administrators 组"。

图 5.3.3-1 远程关机

按上图的箭头所指,即可完成。

步骤二:本地关机

此检查目的:只允许管理员组本地关机,降低风险。打开组策略编辑器,选择"计算机配置→Windows 设置→安全设置→本地策略→用户权限分配"选项,查看"关闭系统"设置是否为"只指派给 Administrators 组"。如下图所示。

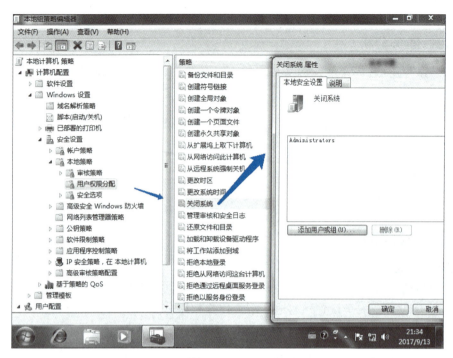

图 5.3.3-2　本地关机

步骤三：用户权限分配

此检查目的：只允许管理员组拥有取得文件或其他对象所有权的权限,降低风险。打开组策略编辑器,选择"计算机配置→Windows 设置→安全设置→本地策略→用户权限分配"选项,查看"取得文件或其他对象的所有权"设置是否为"只指派给 Administrators 组"。

图 5.3.3-3　用户权限分配

步骤四：授权本地登录

此检查目的：允许授权的账号本地登录系统，降低风险。打开组策略编辑器，选择"计算机配置→Windows 设置→安全设置→本地策略→用户权限分配"选项，查看"允许在本地登录"是否为授权的账号。

图 5.3.3-4　授权本地登录

步骤五：授权账户从网络访问

此检查目的：允许授权账号从网络登录系统，降低风险。打开组策略编辑器，选择"计算机配置→Windows 设置→安全设置→本地策略→用户权限分配"选项，查看"从网络访问此计算机"是否为授权的账号。

5.3.4　拓展与提高

什么安全基准项目？

安全基准项目主要帮助客户降低由于安全控制不足而引起的安全风险。安全基准项目在 NIST、CIS、OVAL 等相关技术的基础上，形成了一系列以最佳安全实践为标准的配置安全基准。

企业通过对操作系统、网络设备、应用软件、数据库、移动设备的安全配置的研究，形成了一系列的安全基线、安全检查清单、安全加固指导等技术资料及工具，在服务器数量较多的时候，还可以将安全基线进行脚本化。

通常，有一个通用的安全配置参考，企业可以在这个配置参考的基础之上，定制自己的安全配置基线要求。可以访问 https://www.cisecurity.org/cis-benchmarks/，获得最新的安全基线配置。

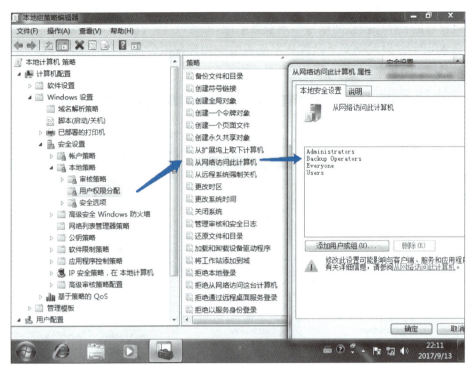

图 5.3.3-5　授权账户从网络访问

5.3.5　思考与练习

小唐按照公司的基线要求对服务器进行了安全基线配置，其中有一项配置要求是修改密码，使得密码强度符合公司的要求。密码的修改，会不会影响其他的配置呢，例如，系统计划任务的配置？

5.4　Windows 系统安全设置

5.4.1　任务描述

在日常系统维护的工作中，小唐发现公司的用户终端，有部分没有遵守公司的安全基线进行配置。公司要求：屏幕保护设置密码、隐藏最后的登录名、关闭自动播放功能等。因此，小唐对公司的终端，进行了安全检查。

5.4.2　任务分析

公司的安全基线设置十分重要，公司若有员工没有做到基线的要求，会成为安全弱点。所以，小唐要检查的配置如下。

(1) 屏幕保护设置密码。

(2) 远程连接挂起。

(3) 隐藏最后登录名。

(4) 关闭 Windows 自动播放功能。

5.4.3 方法与步骤

步骤一：设置屏幕保护密码

设置屏保，使本地攻击者无法直接恢复桌面控制。打开控制面板→个性化→屏幕保护程序，查看是否启用屏幕保护程序，设置等待时间，是否启用"在恢复时使用密码保护"。

图 5.4.3-1 屏幕保护

步骤二：远程连接超时

设置远程连接超时时间，使远程攻击者无法直接恢复桌面控制。打开组策略编辑器，选择"计算机配置→Windows 设置→安全设置→本地策略→安全选项"选项。查看"Microsoft 网络服务器：暂停会话前所需的空闲时间"是否设置为 15 分钟。

步骤三：隐藏最后登录名

注销后再次登录，不显示上次登录的用户名。打开组策略编辑器，选择"计算机配置→Windows 设置→安全设置→本地策略→安全选项"选项。查看"交互式登录：不显示上次登录的用户名"是否设置为"已启用"。

图 5.4.3-2　远程连接超时

图 5.4.3-3　隐藏最后登录名

步骤四：禁用 Windows 自动播放功能

打开组策略编辑器，选择"计算机配置→管理模板→Windows 组件→自动播放策略"选项，查看"关闭自动播放"是否已启用。

图 5.4.3－4　禁止 Windows 自动播放功能

5.4.4　拓展与提高

1. 计算机的病毒

电脑病毒，或称电子计算机病毒。是一种在人为或非人为的情况下产生的、在用户不知情或未批准下，能自我复制或运行的电脑程序；电脑病毒往往会影响受感染电脑的正常运作，或是被控制而不自知，也有电脑正常运作仅盗窃数据等用户非自发引导的行为。

由于世界操作系统桌面环境 90% 的市场都是使用微软 Windows 系列产品，所以病毒作者纷纷把病毒攻击对象选为 Windows。制作病毒者首先应该确定要攻击的操作系统版本有何漏洞，这才是他所写的病毒能够利用的关键。Windows 当时并没有有效的安全与防御功能，通常这种情况下利用的漏洞，我们称为 0day 漏洞 0，且用户常以管理员权限运行未经安全检查的软件，这也为 Windows 下病毒的泛滥提供了温床。Linux、Mac OS 等操作系统，因使用的人群比较少，病毒一般不容易扩散。大多病毒发布作者的目的有多种，包括恶作剧、想搞破坏、报复及想出名与对研究病毒有特殊嗜好。病毒主要通过网路浏览以及下载，电子邮件以及可移动磁盘等途径迅速传播。

2. 计算机病毒的特征

（1）繁殖性。

计算机病毒可以像生物病毒一样进行繁殖，当正常程序运行时，它也进行自身复制，是否具有繁殖、感染的特征是判断某段程序为计算机病毒的首要条件。

(2) 破坏性。

计算机中毒后,可能会导致正常的程序无法运行,把计算机内的文件删除或受到不同程度的损坏。破坏引导扇区及 BIOS,硬件环境破坏。

(3) 传染性。

计算机病毒传染性是指计算机病毒通过修改别的程序将自身的复制品或其变体传染到其他无毒的对象上,这些对象可以是一个程序也可以是系统中的某一个部件。

(4) 潜伏性。

计算机病毒潜伏性是指计算机病毒可以依附于其他媒体寄生的能力,侵入后的病毒潜伏到条件成熟才发作,会使电脑变慢。

(5) 隐蔽性。

计算机病毒具有很强的隐蔽性,可以通过病毒软件检查出来少数,隐蔽性计算机病毒时隐时现、变化无常,这类病毒处理起来非常困难。

(6) 可触发性。

编制计算机病毒的人,一般都为病毒程序设定了一些触发条件,例如,系统时钟的某个时间或日期、系统运行了某些程序等。一旦条件满足,计算机病毒就会"发作",使系统遭到破坏。

3. 计算机病毒的分类

(1) 按破坏性分。

良性病毒、恶性病毒、极恶性病毒、灾难性病毒。

(2) 按传染方式分。

引导区型病毒主要通过软盘在操作系统中传播,感染引导区,蔓延到硬盘,并能感染到硬盘中的"主引导记录"。

文件型病毒是文件感染者,也称为"寄生病毒"。它运行在计算机存储器中,通常感染扩展名为 COM、EXE、SYS 等类型的文件。

混合型病毒具有引导区型病毒和文件型病毒两者的特点。

宏病毒是指用 BASIC 语言编写的病毒程序寄存在 Office 文档上的宏代码。宏病毒影响对文档的各种操作。

(3) 按连接方式分。

源码型病毒攻击高级语言编写的源程序,在源程序编译之前插入其中,并随源程序一起编译、连接成可执行文件。源码型病毒较为少见,亦难以编写。

入侵型病毒可用自身代替正常程序中的部分模块或堆栈区。因此这类病毒只攻击某些特定程序,针对性强。一般情况下也难以被发现,清除起来也较困难。

操作系统型病毒可用其自身部分加入或替代操作系统的部分功能。因其直接感染操作系统,这类病毒的危害性也较大。

外壳型病毒通常将自身附在正常程序的开头或结尾,相当于给正常程序加了个外壳。大部分的文件型病毒都属于这一类。

计算机病毒种类繁多而且复杂,按照不同的方式以及计算机病毒的特点及特性,可以有多种不同的分类方法。同时,根据不同的分类方法,同一种计算机病毒也可以属于不同的计算机病毒种类。

5.4.5 思考与练习

市面上大多的可移动驱动器都是属于可读写模式,因此很容易写入 Autorun.inf 文件以及许多恶意程序。受到感染的 U 盘病毒插入电脑里后,病毒会躲藏在操作系统中的进程,侦测电脑上的一举一动。当用户将其他干净的 USB 插入受感染的电脑里,病毒会复制到干净的 USB 里,然后一传十、十传百。公用电脑的使用亦导致 USB 病毒快速散播。如何防范这种 U 盘病毒呢?

6　NTFS 文件权限设置

6.1 单元主要任务

公司提供给小唐一次信息安全培训课程的机会,从培训课程中,小唐了解到了自主访问控制的有关知识,知道了 CL 和 ACL 的区别。回到公司,主管要求小唐结合培训的知识内容和公司的实际需要,合理设置 NTFS 文件权限,控制公司的财务机密数据的访问权限,限定只有 CEO、HR 可以访问公司的工资表(位于文件服务器上的 Excel 文件),CFO 可以根据 HR 的绩效评定和工资调整相关文件修改工资表,任何人都不能具备删除该文件的权限。CEO 团队一共有四人,CFO 一共有三人,HR 部门有四人。

6.2 单元内容提示

访问权限配置是企业中最常见的安全控制措施,从物理安全的访问控制(如门禁系统),到计算机的上的文件访问控制(如基于 ACL 的文件访问),以及操作系统的中的内核文件保护,都是安全领域中的一个重要技术"访问控制"的应用。通过本章的学习,学生可能初步的建立权限分配的意识,为今后掌握访问控制相关知识打好基础,同时将来能够更好的适应企业的工作环境。

(1) 创建工资文件目录和工资文件。
(2) 创建用户和用户群组。
(3) 分配用户权限。
(4) 验证用户权限。

6.3 创建文件和用户

6.3.1 任务描述

根据要求创建用户,并将用户加入到相应的群组。用户群组是具备某种共同属性的用户的结合,例如按照部门进行划分的用户群组,或者按照职位进行划分的用户群组。用户群组可以实现批量的授权,当用户的群组有了该权限,群组中的用户会自动继承该权限。

本次任务小唐需要在文件服务器上建立本项目中的相关用户和用户组。

6.3.2 任务分析

根据项目要求,小唐要完成的任务如下:
(1) 创建用户:CEO1～CEO4;CFO1－CFO3;HR1－HR4。
(2) 创建用户组:CEO 和 HR。
(3) 将用户添加到用户组。

6.3.3 方法与步骤

步骤一:创建用户

使用本地用户和用户组管理器,创建 CEO,CFO,HR 部门的所有用户,在"运行"框中输入"lusrmgr.msc"命令后,进行如图 6.3.3－1 的界面。

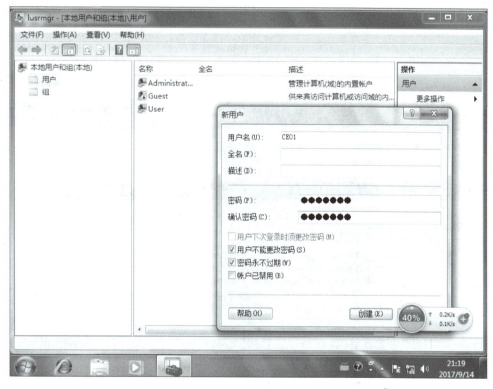

图 6.3.3－1 创建用户

在上图中,右键选择"新建用户",依次输入用户名和密码,并选择"用户不能更改密码"和"密码永不过期"。创建完成后,如图 6.3.3－2 所示。

步骤二:创建用户组

右击下图 6.3.3－3 的空白,选择"新建"—"用户组"选项后,就可以看到新建组的对话框,输入组名,单击"创建"即可。

步骤三:将用户加入用户组

双击打开组的对话框,如图 6.3.3－4 所示。
在图中,单击组的"添加"按钮,弹出"选择用户"的对话框,输入正确的用户名,即可添加。

图 6.3.3-2 完成创建

图 6.3.3-3 创建用户组

6 NTFS 文件权限设置

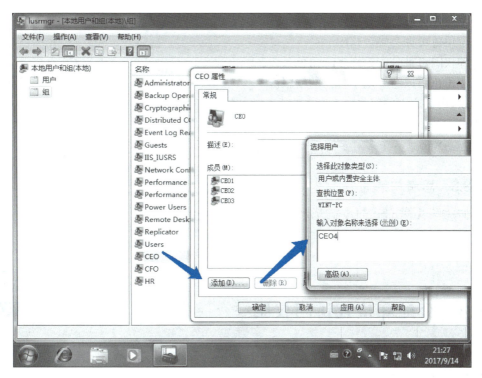

图 6.3.3‑4 加入用户组

6.3.4 拓展与提高

以角色为基础的访问控制(Role-based access control,RBAC),是信息安全领域中,一种较新且广为使用的访问控制机制,其不同于强制访问控制以及自由选定访问控制直接赋予使用者权限,而是将权限赋予角色。

1996 年,莱威•桑度(Ravi Sandhu)等人在前人的理论基础上,提出以角色为基础的访问控制模型,故该模型又被称为 RBAC96。之后,美国国家标准局重新定义了以角色为基础的访问控制模型,并将之纳为一种标准,称之为 NIST RBAC。

以角色为基础的访问控制模型是一套较强制访问控制以及自由选定访问控制更为中性且更具灵活性的访问控制技术。

在一个组织中,会因为不同的作业功能产生不同的角色,执行某项操作的权限会被赋予特定的角色。组织成员或者工作人员(抑或其他系统用户)则被赋予不同的角色,这些用户通过被赋予角色来取得执行某项计算机系统功能的权限。

S=主体=一名使用者或自动代理人。

R=角色=被定义为一个授权等级的工作职位或职称。

P=权限=一种存取资源的方式。

SE=会期=S,R 或 P 之间的映射关系。

SA=主体指派。

PA=权限指派。

RH=角色阶层。能被表示为:≥。(x≥y 代表 x 继承 y 的权限)

一个主体可对应多个角色。

一个角色可对应多个主体。
一个角色可拥有多个权限。
一种权限可被分配给许多个角色。
一个角色可以有专属于自己的权限。
所以,用集合论的符号:
PA⊆P×R 是一个多对多的权限分配方式。
SA⊆S×R 是一个多对多的主体指派方式。

6.3.5 思考与练习

如何选择 ACL 的访问控制方法或者是 RBAC 的访问控制方法呢?

6.4 分配和检查访问权限

6.4.1 任务描述

首席执行官(Chief Executive Officer,缩写 CEO)是在一个企业中负责日常事务的最高行政官员,又称作行政总裁、总经理或最高执行长。

CFO(Chief Financial Officer)意指公司首席财政官或财务总监,是现代公司中最重要、最有价值的顶尖管理职位之一,是掌握着企业的神经系统(财务信息)和血液系统(现金资源)的灵魂人物。

HR 是 human resource 的缩写,人力资源之意,把具有正常思维活动或劳动能力的人统称为人力资源。它是将人的体能、知识、技能、行动视之为一种"活"性的资源,它具有可能性、无限性、耐磨性和易损性。

因此,按照小唐所在公司的工作岗位职责,对于工资表文件,这三个角色,分别有不同的访问权限,CEO,HR 分别具有读的权限,CFO 具有写的权限。

6.4.2 任务分析

在本任务中,小唐需要修改文件权限,做如下的工作:
(1) 修改文件权限控制。
(2) 分配只读权限至 CEO,HR 组。
(3) 分配可写权限至 CFO 组。

6.4.3 方法与步骤

步骤一:打开文件权限控制

通过右击文件夹,选择"属性",再点选"安全"选项,可以进入到文件权限控制的对话框。如图 6.4.3 - 1 所示。

图 6.4.3-1　打开权限控制

步骤二：修改权限设置

在权限对话框设置，CEO，HR 只有只读权限。如图 6.4.3-2 所示。

图 6.4.3-2　CEO 与 HR 的权限

设置 CFO 权限,赋予写入权限。如图 6.4.3-3 所示。

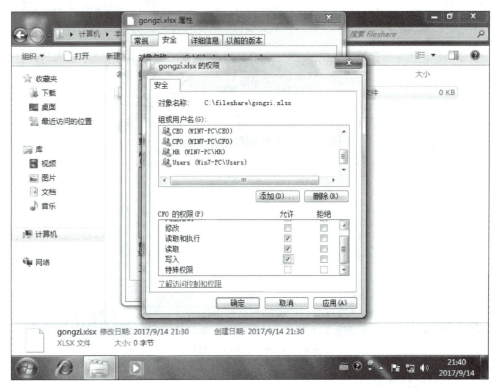

图 6.4.3-3 CFO 权限

6.4.4 拓展与提高

1. 权限和安全描述符

网络的每个容器和对象都有一组附加的访问控制信息。该信息称为安全描述符,它控制用户和组允许使用的访问类型。安全描述符是和所创建的容器或对象一起自动创建的。带有安全描述符的对象的典型范例就是文件。

权限是在对象的安全描述符中定义的。权限与特定的用户和组相关联,或者是指派到特定的用户和组。例如,对于 Temp.dat 文件,可能向内置式管理员组分配读取、写入和删除权限;向 Backup Operators 组仅分配读取和写入权限。

用户或组的每个权限的分配都在系统中作为访问控制项(ACE)显示。安全描述符中的整个权限项集称作权限集或访问控制列表(ACL)。因此,对于一个命名为 Temp.dat 的文件,权限设置包括两个权限条目,一个用于内置管理员组,另一个用于 Backup Operators 组。

2. 显式权限和继承权限

有两种权限类型:显式权限和继承权限。

显式权限是那些在创建非子对象时在这些对象上默认设置的权限,或在非子对象、父对象或子对象上由用户操作设置的权限。

继承权限是从父对象传播到对象的权限。继承权限可以减轻管理权限的任务,并且确保给定容器内所有对象之间的权限一致性。

默认情况下,容器中的对象在创建对象时从该容器中继承权限。例如,当您创建名为 MyFolder 的文件夹时,MyFolder 中创建的所有子文件夹和文件会自动继承该文件夹的权限。因此,MyFolder 具有显式权限,而其中的所有子文件夹和文件都具有继承权限。

如果对象具有显式"允许"权限条目,则继承的"拒绝"权限不阻止对该对象的访问。显式权限比继承权限(包括继承的"拒绝"权限)的优先级高。

6.4.5 思考与练习

如果增加一个规定,公司的所有试用期员工,都不能够有改写工资文件的权限,那么,对于 CFO 部门新来的试用期员工,应该分配什么权限呢?

一般来说,我们认为,显式的拒绝访问权限要大于继承的可以访问的权限。因此,这种情况下,应该配置显式的拒绝写的权限。待员工转正后,可以删除该拒绝访问权限。

将系统的权限设置,和公司的行政管理要求结合在一起,可以高效和快速的完成各种任务。

7　Linux 文件权限设置

7.1 单元主要任务

公司采用了 debian Linux 作为服务器操作系统,并安装了 Samba 3.0 软件。Samba 能够为选定的 Unix 目录(包括所有子目录)创建网络共享。该功能使得 Windows 用户可以象访问普通 Windows 下的文件夹那样来通过网络访问这些 Unix 目录。公司要求合理配置重要目录和文件的权限,设置默认的 umask 值,增强安全性。

7.2 单元内容提示

Samba 软件是企业最常见的多平台文件共享软件,通过本章的学习,学生能够掌握 Linux 环境下文件权限的配置,同时理解 Umask 的含义。具备配置服务器文件权限能力,能够灵活的根据企业的需求,设置文件权限。

本章的主要内容包括:
(1) 设置只有 root 可以读、写和执行某个目录下的文件。
(2) 设置 Umask 值。
(3) 验证目录权限。

7.3 设置目录权限

7.3.1 任务描述

小唐在公司的文件服务器上,有一个 Docker 的自动任务脚本,小唐希望该脚本能在系统启动后自动执行。小唐需要修改计划任务,将脚本配置为系统启动自动执行。

7.3.2 任务分析

小唐查找了 Linux 的常用命令手册,了解到一个脚本运行须要有可执行权限。经过分析,小唐认为他需要掌握以下的操作技能才能完成这个任务:
(1) 使用命令查看与确认文件权限。
(2) 使用 chmod 添加权限。

7.3.3 方法与步骤

步骤一：理解 Linux 的文件权限

在 Linux 系统中文件或目录的访问权限分为只读，只写和可执行三种。以文件为例，只读权限表示只允许读其内容，而禁止对其做任何的更改操作。可执行权限表示允许将该文件作为一个程序执行。文件被创建时，文件所有者自动拥有对该文件的读、写和可执行权限，以便于对文件的阅读和修改。用户也可根据需要把访问权限设置为需要的任何组合。

对于 Linux 系统来说还有三种不同类型的用户可对文件或目录进行访问：文件所有者，同组用户、其他用户。所有者一般是文件的创建者。所有者可以允许同组用户有权访问文件，还可以将文件的访问权限赋予系统中的其他用户。在这种情况下，系统中每一位用户都能访问该用户拥有的文件或目录。

每一文件或目录的访问权限都有三组，每组用三位表示，分别为文件属主的读、写和执行权限；与属主同组的用户的读、写和执行权限；系统中其他用户的读、写和执行权限。当用 ls -l 命令显示文件或目录的详细信息时，最左边的一列为文件的访问权限，如图 7.3.3 – 1 所示。

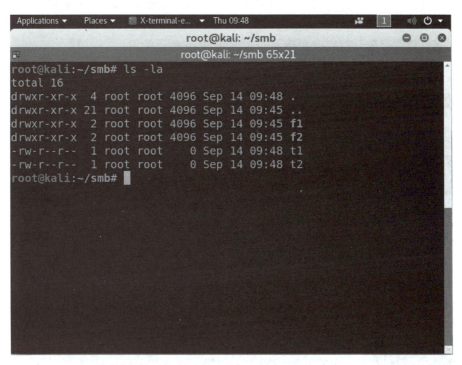

图 7.3.3 – 1　显示权限

例如：- rw- r - - r - -

横线代表空许可。r 代表只读，w 代表写，x 代表可执行。注意这里共有 10 个位置。第一个字符指定了文件类型。在通常意义上，一个目录也是一个文件。如果第一个字符是横线，表示是一个非目录的文件。如果是 d，表示是一个目录。

步骤二：使用 chmod 修改权限

chmod 命令用于改变文件或目录的访问权限。用户用它控制文件或目录的访问权限。

1. 含字母和操作符表达式的文字设定法

chmod［who］［+ ｜ - ｜ =］［mode］文件名

命令中各选项的含义为：

操作对象 who 可是下述字母中的任一个或者它们的组合：

u 表示"用户（user）"，即文件或目录的所有者。

g 表示"同组（group）用户"，即与文件属主有相同组 ID 的所有用户。

o 表示"其他（others）用户"。

a 表示"所有（all）用户"。它是系统默认值。

操作符号可以是：

+ 添加某个权限。

- 取消某个权限。

=赋予给定权限并取消其他所有权限（如果有的话）。

设置 mode 所表示的权限可用下述字母的任意组合：

r 可读。

w 可写。

x 可执行。x 只有目标文件对某些用户是可执行的或该目标文件是目录时才追加 x 属性。

文件名：以空格分开的要改变权限的文件列表，支持通配符。

命令的执行过程与效果如下所示，如图 7.3.3 - 2 所示。

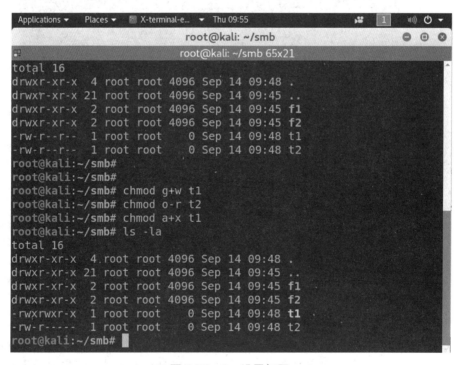

图 7.3.3 - 2　设置权限

2. 权限的数字设定法

我们必须首先了解用数字表示的属性的含义：0 表示没有权限，1 表示可执行权限，2 表示可写权限,4表示可读权限,然后将其相加。所以数字属性的格式应为3个从0到7的八进制数,其顺序是(u)(g)(o)。

例如,如果想让某个文件的属主有"读/写"二种权限,需要把4(可读)+2(可写)=6(读/写)。可以使用如下格式的命令修改文件权限。

chmod ［mode］文件名

命令执行的结果,如图7.3.3-3所示。

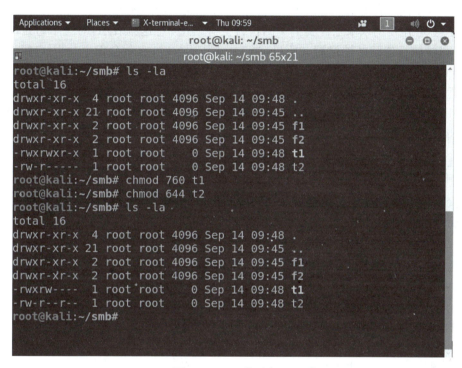

图 7.3.3-3　修改权限

7.3.4　拓展与提高

1. 目录

目录和常规文件一样使用相同的权限标识,但是它们的解释不同。目录的读权限允许用户使用该权限列出目录内容。写权限意味着用户使用该权限能够在目录中创建或者删除文件。执行权限允许用户输入目录并访问任意子目录。没有执行权限,目录下的文件系统对象就是不可访问的。没有读权限,目录下的文件系统对象在目录清单下就是不可见的,但是如果知道磁盘上对象的完整路径,这些对象仍是可访问的。

2. 常见文件系统对象类型

代码	对象类型
-	常规文件
d	目录
l	符号链接
c	字符特殊设备
b	模块特殊设备

p	FIFO
s	套接字

3. suid 和 sgid

Linux 权限模型有两个特殊的访问模式,名为 suid(设置用户 id)和 sgid(设置组 id)。当可执行的程序设置为 suid 访问模式,它就会开始运行,好像是由文件所有者启动而不是由真正启动它的用户启动。类似的,设置为 sgid 访问模式,程序就会运行,好像启动用户属于文件组,而不属于他所有的组。可以单独或者同时设置两个访问模式。

请注意,在用户的权限三件套中 x 的位置上有一个 s。这就表示,对这个特定的程序来说,suid 和可执行位已经被设置。所以,当 passwd 运行时,它就会像 root 用户使用完全的 superuser 访问一样加载它运行,而不是作为想运行该程序的用户。因为 passwd 和 root 访问一起运行,所以它可以修改/etc/passwd。

suid 和 sgid 位与长目录清单中用户和组的 x 占据相同的空间。如果文件是可执行的,suid 或 sgid 位如果已设置,将会显示为小写的 s,否则就显示为大写的 S。

7.3.5 思考与练习

在命令行下输入如下命令,创建如下可执行的 shell 脚本,观察脚本输出的结果,同时思考每行命令和每个细节的输出是怎么产生的。

[kail@root ~]$ **echo 'echo "Hello world!"'>hello.sh**
[kail@root ~]$ **ls -l hello.sh**
-rw-rw-r--. 1 ian ian 20 Nov 30 13:05 hello.sh
[kail@root ~]$ **./hello.sh**
bash:./hello.sh:Permission denied
[kail@root ~]$ **chmod +x hello.sh**
[kail@root ~]$ **./hello.sh**
Hello world!
[kail@root ~]$ **ls -l hello.sh**
-rwxrwxr-x. 1 ian ian 20 Nov 30 13:05 hello.sh

7.4 设置 Umask

7.4.1 任务描述

按照公司的要求,所有的文件在创建时,应该默认设置 644 的权限。即:所有者可读可写,所属组和其他人都只能读。现在小唐要想办法实现公司这条权限管理策略。

7.4.2 任务分析

小唐查找了 Linux 的相关书籍和网站现在已经明白,要达到用户需求,就要集中管理。

本次的主要任务是,正确设置文件掩码。

7.4.3 方法与步骤

步骤一:理解 umask

当我们建立一个文件或者目录时,它都会带一个默认的权限:

若我们想创建为'文件',则预设'没有可执行(x)',亦即只有 rw 这两个项目,用数字表示就是 666 或字母

$$-rw-rw-rw-$$

若我们想创建为'目录',则由于 x 与是否可以进入此目录有关,因此预设为所有权限均开放,亦即为 777 或字母

$$d-rwx-rwx-rwx$$

umask 就是指定'目前用户在建立档案或目录时候的权限默认值。

步骤二:查看 umask

需要注意的是,umask 的数值指的是该默认值需要减掉的权限。

因此,002 实际上是去掉了其他用户的写权限,对于文件来说也就是,实际权限是 664,即:

$$-rw-rw-r-$$

对于目录来说,实际是 773,即

$$-rwx-rwx-rx$$

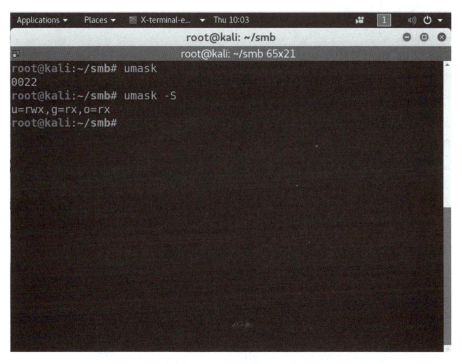

图 7.4.3-1 查看 umask

步骤三:修改 umask

umask 后面接 3 个数字就可以设定,如图 7.4.3-2 所示。

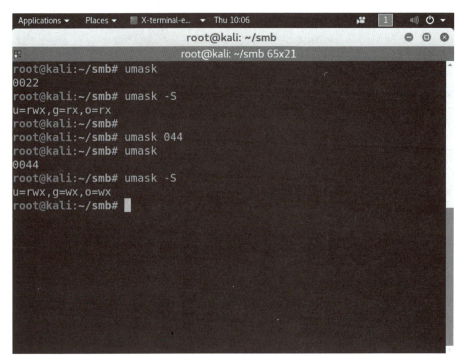

图 7.4.3‑2　修改 umask

7.4.4　拓展与提高

1. 访问模式

在登录后,新 shell 进程会使用您的用户和组 ID 来运行,这些是控制您对系统上任何文件的访问的权限。这通常意味着您不能访问其他用户的文件,不能写入系统文件。事实上,用户完全依赖于其他程序来代表我们执行操作。因为您启动的程序继承了您的用户 id,所以它们无法访问您无权访问的任何文件系统对象。

一个重要的示例是/etc/passwd 文件,它无法由普通用户直接更改,因为只有 root 用户能启用写权限。但是,在需要更改其密码时,普通用户需要能够以某种方式修改/etc/passwd。所以如果用户无法修改此文件,我们应该如何实现此目的呢?

2. suid 和 sgid

Linux 权限模型有两种特殊的访问模式,称为 suid(设置用户 id)和 sgid(设置组 id)。一个可执行程序设置了 suid 访问模式时,它运行起来就像是由文件的所有者启动的一样,而不是由真正启动它的用户启动的。类似地,在设置 sgid 访问模式后,该程序运行起来就像启动的用户属于该文件的组,而不是他自己的组。可单独或同时设置两种访问模式。

/usr/bin/passwd 上的 suid 访问模式

[kali@rainser ~]$ **ls‑l /usr/bin/passwd**

‑rwsr‑xr‑x. 1 root root 30768 Feb 22　2012 /usr/bin/passwd

请注意,用户的权限三元组中的 x 被 s 替代。这表明对于这个特定的程序,设置了 suid 和可执行位。所以当 passwd 运行时,它执行起来就像具有完整的超级用户访问权的 root 用户启动了它,而不是运行它的用户启动它。因为 passwd 使用 root 访问权运行,所以它可以修改/etc/passwd。

suid 和 sgid 位占用了长目录清单中针对用户和组的 x 位。如果该文件是可执行的，suid 或 sgid 位（如果已设置）将显示为小写的 s。否则，它们显示为大写的 S。

7.4.5　思考与练习

尽管 suid 和 sgid 使用起来很方便，甚至在许多情况下必不可少，但是，如果不在当地使用这些访问模式，可能破坏系统的安全性。您拥有尽可能少的 suid 程序。passwd 命令是为数不多的**必须**为 suid 的程序之一。如何检查系统中的 suid 程序，或者 sgid 程序呢？

使用 find 命令查找 SUID 和 SGID 文件：

find －perm ＋4000 －type f

//查找所有 SUID 为 1 的普通文件

find －perm ＋2000 －type f

//查找所有 SGID 为 1 的普通文件

UNIX 系统有一个/dev/kmem 的设备文件，是一个字符设备文件，里面存储了核心程序要访问的数据，包括用户的口令。所以这个文件不能给一般的用户读写，权限设为：

cr－－r－－－－－ 1 root system 2，1 May 25 1998 kmem

但 ps 等程序要读这个文件，而 ps 的权限设置如下：

－r－xr－sr－x 1 bin system 59346 Apr 05 1998 ps

这是一个设置了 SGID 的程序，而 ps 的用户是 bin，不是 root，所以不能设置 SUID 来访问 kmem，但大家注意了，bin 和 root 都属于 system 组，而且 ps 设置了 SGID，一般用户执行 ps，就会获得 system 组用户的权限，而文件 kmem 的同组用户的权限是可读，所以一般用户执行 ps 就没问题了。

但有些人说，为什么不把 ps 程序设置为 root 用户的程序，然后设置 SUID 位，不也行吗？这的确可以解决问题，但实际中为什么不这样做呢？因为 SGID 的风险比 SUID 小得多，所以出于系统安全的考虑，应该尽量用 SGID 代替 SUID 的程序，如果可能的话。

8 文件打印和删除审核

8.1 单元主要任务

公司的共享文件服务器提供了文件共享服务,公司的员工按照权限对相应的目录进行操作。昨天主管接到 HR 部门经理的工作协助请求,由于不清楚是谁删除了 HR 部门共享的公司活动策划文件,导致公司的很多员工未能及时查看到公司的活动组织计划,影响了团队建设活动的开展。HR 部门希望 IT 部门添加功能,能够查看是哪个用户删除了文件。

IT 主管将这项工作委派给小唐,小唐经过思考,从安全防护的角度出发,要对用户的文件打印和删除操作进行审核,并将审核的内容记录在 Windows 系统日志中。

8.2 单元内容提示

企业是一个由多个部门组成的集体,IT 部门通常会作为支持部门出现。当业务部门、内部其他部门,如 HR 提出需求时,通常 IT 会给出解决方案。通过本章的学习,学生逐步了解接受用户需求,分析用户需求,寻找合适的解决方案过程。

本章主要内容如下:
(1) 增加文件删除审核。
(2) 增加文件打印审核。
(3) 查看文件删除审核日志。

8.3 增加文件删除审核

8.3.1 任务描述

小唐收到 HR 部门经理的协助请求邮件,邮件中 HR 经理讲述了事情发生的原因,希望 IT 部门能给出针对这个问题解决方案和方法,并且尽快能实施,以确保今后发生类似误删除事件时,可以有据可查分清职责。

8.3.2 任务分析

小唐分析了 HR 的需求,查阅了相关资料后。决定从两个方面进行加固系统,一是检查了文件的权限,防止有多余的权限;二是根据需要增加了文件删除审核。

(1) 打开系统审核策略。

(2) 设置全局访问对象。

(3) 添加文件删除审核。

8.3.3　方法与步骤

步骤一：设置删除文件审核

在"run"运行对话框中输入 secpol.msc 命令后,在打开的本地组策略里查找"安全设置"→"本地策略"→"审核策略"→"审核对象访问",如图 8.3.3-1 所示。

图 8.3.3-1　删除文件审核

步骤二：在文件夹上设置审核

打开需要审核的文件夹,右击"属性"→单击"安全"选项卡→单击"高级"→单击"审核",打开文件夹的审核项。如图 8.3.3-2 所示。

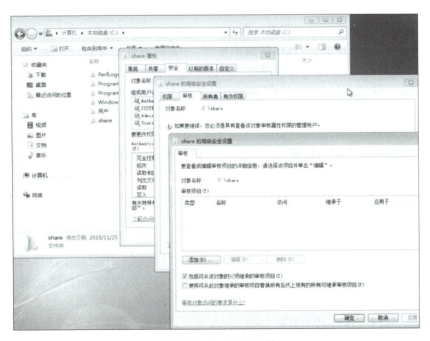

图 8.3.3-2　设置审核

打开审核添加项后。单击"添加"按钮→加入用户→对每个用户的删除操作进行审核，如图 8.3.3-3 所示。

图 8.3.3-3　审核删除操作

经过,这样几步后,用户在文件夹里做的删除操作,无论成功还是失败,都会记录在 WINDOWS 的日志文件里。这样再出现问题时,便可以进行定位。

8.3.4　拓展与提高

审核策略的功能是非常强大的,不仅可以针对文件夹的访问和文件的执行；其他,例如用户的登录和注销、打印机的使用以及系统设置的更改都逃不过审核策略的监视。不过在使用审核策略的同时还有一些问题要注意：

首先,审核是一种很占用计算机资源的操作,尤其是当你要审核的对象非常多时,很有可能会降低系统的性能,因此只有在需要的时候才打开必需的审核策略。

其次,保存审核日志是需要硬盘空间的,如果你审核的对象非常多,而对象的变动也很频繁的话,那么短时间内审核日志就可能会占据了大量的硬盘空间。因此日志需要经常性查看和清理,这个将会在后面进行说明。

最后,记得给你的审核日志规定一个合适的大小,因为默认情况下审核日志的所占用的硬盘空间是被限定的,如果你的日志太多,那么新的日志就会冲掉旧的,这样一些重要的信息可能就会因为被冲掉而被忽略了。

思考与练习

凡事有利有弊,这个对立面是永远存在的,文件共享访问同样也存在这样的问题。虽然可以通过 NTFS 的权限以及在域里面为用户分组进行权限的管控,但很难做到对每一个独立用户的权限管控,因此在实际应用中就总有这样那样的问题。比如某个文件又被某个不知名的人删除了,到最后大家都推脱责任,因为某个文件夹是某些人共同拥有权限的,所以即便知道是那些人中的某人删除了文件,但你无法知道具体是哪个人。

虽然删除的文件可以通过 Shadow Copy 或其他备份手段找回,但毕竟麻烦,如果能让系统记录这一事件就比较好了,有系统记录就推脱不了了。

我们按照事前、事中、事后的顺序,对文件删除审核来进行梳理。事前需要做什么,事中需要做什么,事后需要做什么,为什么要这么做呢?

8.4 增加文件打印审核

8.4.1 任务描述

经过小唐的努力,现在,已经可以清楚的知道是谁删除了 HR 部门的共享文件了。HR 部门经理还有一个需求,就是发现有属于机密的工资文件,被打印以硬拷贝的方式泄漏出去。因此,希望能够对文件打印进行审核。

8.4.2 任务分析

(1)查看打印属性的安全选项卡。
(2)增加打印审核。

8.4.3 方法与步骤

(1)选择已经安装的打印机,右单击后打开"打印机属性",如下图 8.4.3-1 所示。

图 8.4.3-1　打开打印机属性

(2) 单击"安全"→单击"高级"→单击"审核",进入审核功能。

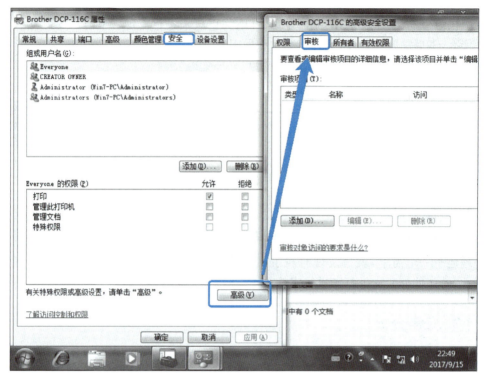

图 8.4.3-2　审核

(3) 如图 8.4.3-3 所示,增加打印审核。

图 8.4.3-3　打印审核

经过这样几步之后,就为打印机设置好了审核。

8.4.4 拓展与提高

1. 安全选项

安全选项包含下列分组的安全策略设置,可用于配置本地计算机的行为。

如果在计算机本地编辑策略设置,将只会影响该计算机上的设置。如果在 Active Directory 域中承载的组策略对象(GPO)中配置设置,则这些设置将应用到受此 GPO 约束的所有计算机。

打开本地安全策略的管理单元(secpol.msc)并导航到计算机配置\Windows 设置\安全设置本地策略\策略\安全选项。

本地计算机的权限、本地 Administrators 组或同等成员资格是修改这些策略设置所需的最低权限。

分 组	安 全 策 略 设 置
账 户	-账户:管理员账户状态
	-账户:阻止 Microsoft 账户
	-账户:来宾账户状态
	-账户:限制空白密码的控制台登录只使用本地账户
	-账户:重命名管理员账户
	-账户:重命名来宾账户
Audit	-审核:审核全局系统对象的访问权限
	-审计:审核备份和还原权限的使用
	-审核:强制审核策略子类别设置(Windows Vista 或更高版本)替代审核策略类别设置
	-审计:关闭系统,如果无法记录安全审计则立即
DCOM	-安全描述符定义语言(SDDL)语法中的 DCOM:计算机访问限制
	-在安全描述符定义语言(SDDL)语法中的 DCOM:计算机启动限制
设 备	-设备:允许取消停靠而无须登录
	-允许进行格式化和弹出可移动媒体设备
	-设备:禁止用户安装打印机驱动程序
	-设备:仅允许本地登录的用户仅 CD-ROM 访问
	-设备:只有本地登录的用户才能访问软盘
域控制器	-域控制器:允许服务器操作员安排任务
	-域控制器:LDAP 服务器签名要求
	-域控制器:拒绝密码更改的计算机账户
域成员	-域成员:数字数据加密或签名安全通道(始终)
	-域成员:进行数字加密安全通道数据(如果可能)

(续表)

分　组	安　全　策　略　设　置
域成员	-域成员：安全进行数字签名通道数据（如果可能）
	-域成员：禁用计算机账户的密码更改
	-域成员：最大计算机账户密码使用期限
	-域成员：需要强（Windows 2000 或更高版本）会话密钥
交互式登录	-交互式登录：显示用户信息时将会锁定会话
	-交互式登录：不显示用户的姓
	-交互式登录：不需要 CTRL ＋ ALT ＋ DEL
	-交互式登录：计算机账户锁定阈值
	-交互式登录：计算机非活动限制
	-交互式登录：消息正文试图登录的用户
	-交互式登录：在尝试登录的用户消息标题
	-交互式登录：上一次登录缓存（以防域控制器不可用）
	-交互式登录：提示用户更改密码过期前
	-交互式登录：要求域控制器身份验证以解锁工作站
	-交互式登录：要求智能卡
	-交互式登录：智能卡移除操作
Microsoft 网络客户端	- Microsoft 网络客户端：数字签名的通信（始终）
	- Microsoft 网络客户端：通信进行数字签名（如果服务器允许）
	- Microsoft 网络客户端：发送到第三方 SMB 服务器的未加密的密码
Microsoft 网络服务器	- Microsoft 网络服务器：暂停会话前所需的空闲时长
	- Microsoft 网络服务器：尝试使用 S4U2Self 获取声明信息
	- Microsoft 网络服务器：对通信进行数字签名（始终）
	- Microsoft 网络服务器：对通信进行数字签名（如果客户端允许）
	- Microsoft 网络服务器：登录时间过期后断开与客户端的连接
	- Microsoft 网络服务器：服务器 SPN 目标名称的验证级别
网络访问权限	-网络访问：允许匿名 SID/名称转换
	-网络访问：不允许匿名枚举 SAM 账户
	-网络访问：不允许
	-网络访问：不允许存储的密码和凭据用于网络身份验证
	-网络访问：让 Everyone 权限应用于匿名用户
	-网络访问：可以匿名访问的命名管道

(续表)

分　组	安　全　策　略　设　置
网络访问权限	-网络访问：远程访问的注册表路径
	-网络访问：远程访问的注册表路径和子路径
	-网络访问：命名管道和共享限制匿名访问
	-网络访问：可以匿名访问的共享
	-网络访问：本地账户的共享和安全模型
网络安全性	-网络安全：允许本地系统为 NTLM 使用计算机标识
	-网络安全：允许本地系统空会话回退
	-网络安全：允许 PKU2U 身份验证请求到这台计算机用于联机标识
	-网络安全：配置为使用 Kerberos 允许使用的加密类型
	-网络安全：不要在下次更改密码时存储 LAN Manager 哈希值
	-网络安全：登录时间过期后强制注销
	-网络安全：LAN Manager 身份验证级别
	-网络安全：LDAP 客户端签名要求
	-网络安全：NTLM SSP 的最小会话安全基于（包括安全 RPC）客户端
	-网络安全：NTLM SSP 的最小会话安全基于（包括安全 RPC）服务器
	-网络安全：限制 NTLM：添加对 NTLM 身份验证的远程服务器异常
	-网络安全：限制 NTLM：添加此域中的服务器异常
	-网络安全：限制 NTLM：NTLM 的传入流量
	-网络安全：限制 NTLM：此域中的 NTLM 身份验证
	-网络安全：限制 NTLM：到远程服务器的传出 NTLM 流量
	-网络安全：限制 NTLM：审核 NTLM 的传入流量
	-网络安全：限制 NTLM：此域中的审核 NTLM 身份验证
故障恢复控制台	-故障恢复控制台：允许自动管理登录
	-故障恢复控制台：允许软盘复制和对所有驱动器和文件夹的访问
关　机	-关机：允许系统关闭而无须登录
	-关机：清理虚拟内存页面文件
系统加密法	-系统加密：强制使用强密钥保护存储在计算机上的用户密钥
	-系统加密：使用 FIPS 兼容的算法来加密、哈希和签名
系统对象	-系统对象：对非 Windows 子系统不要求不区分大小写
	-系统对象：加强内部系统对象（例如符号链接）的默认权限

(续表)

分　组	安　全　策　略　设　置
系统设置	-系统设置：可选子系统
	-系统设置：对 Windows 软件限制策略的可执行文件使用证书规则
用户账户控制	-用于内置 Administrator 账户的用户账户控制：管理员批准模式
	-用户账户控制：允许 UIAccess 应用程序以提示进行提升，而无须使用安全桌面
	-用户账户控制：管理员批准模式中管理员的提升提示行为
	-用户账户控制：标准用户的提升提示行为
	-用户账户控制：检测应用程序安装并提示提升
	-用户账户控制：只提升签名并验证的可执行文件
	-用户账户控制：仅提升安装在安全位置的 UIAccess 应用程序
	-用户账户控制：管理员批准模式中运行所有管理员
	-提示提升时，用户账户控制：切换到安全桌面
	-用户账户控制：将文件和注册表写入错误指定到每个用户的位置

8.4.5　思考与练习

每个部门的每个岗位，都会有自己的安全需求，作为安全部门的小唐，应该怎么去满足这些需求呢？

9 使用 IIS 架设 Web 服务

9.1 单元主要任务

公司的门户网站目前依然运行于旧版本(Windows server 2003/IIS5.0)的 Web 服务器上,由于版本过低,在性能、安全性都不能满足公司的需求。按照公司的 IT 规划,计划迁移门户网站到公司的 Windows server 2008 R2 服务器上,采用成熟的 IIS 7.0 作为 Web 服务器,同时配置 HTTPS 服务来提升安全性。

9.2 单元内容提示

安装 web 服务并配置 HTTPS 访问是当前企业的常见的一种发布 Web 应用的方式。学生通过本单元的学习,除了掌握安装配置的方法外,还需要思考为什么需要配置 HTTPS 访问。具体来说,通过本章的学习,学生会掌握如下技能:
(1) 安装 IIS 7.0。
(2) IIS 7.0 安全加固。
(3) HTTPS 配置。

9.3 安装 IIS 服务器

9.3.1 任务描述

基于迁移任务的重要性,公司决定让小唐在模拟环境里先进行测试。所以,本任务中小唐要首先安装一台 Server2008 的 Windows 服务器,并安装与配置 IIS Web 服务器。

9.3.2 任务分析

经过 IT 部门的讨论和分析,WINDOWS 2008R2 服务器由其他 IT 人员已经先行安装。小唐只要在系统上安装 IIS,并完整的对 IIS 7.0 服务器进行了安全加固试验。所以他的任务是:
(1) 安装 IIS 服务器。
(2) 选择角色和功能。

9.3.3 方法与步骤

步骤一：选择安装 IIS 服务器

打开管理器，选择"添加角色与功能"，弹出下面的对话框，如图 9.3.3－1 所示。

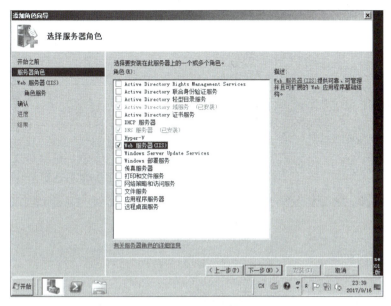

图 9.3.3－1　安装 IIS 服务器

步骤二：选择角色和所需的功能

按向导单击，在角色服务这个对话框这里，按图 9.3.3－2 中式样，选择角色功能。

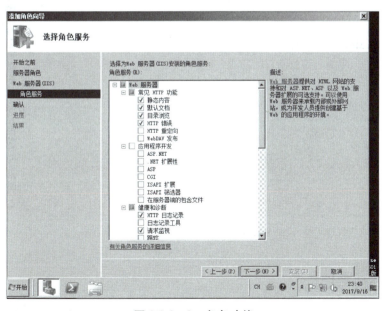

图 9.3.3－2　角色功能

步骤三：执行安装

按向导全部选择完成后，系统会给出一个确认信息的对话框。此时，同学只要直接单击"安装"按钮即可。如图 9.3.3－3 所示。

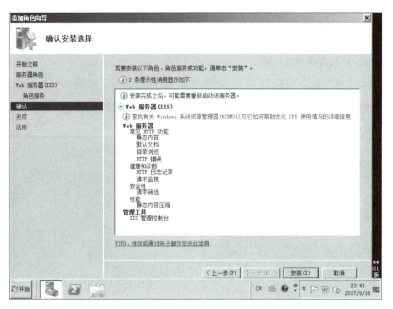

图 9.3.3‑3　安装

步骤四：完成安装

完成安装后，关闭对话框即可。如图 9.3.3‑4。

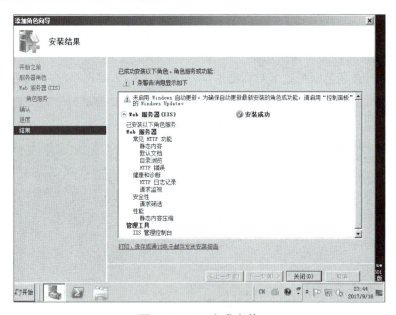

图 9.3.3‑4　完成安装

9.3.4　拓展与提高

基于万维网的分布式创作和版本控制（WebDAV）是一组基于超文本传输协议的技术集合，有利于用户间协同编辑和管理存储在万维网服务器文档。在 Linux、Windows、Mac 操作系统上，都有 WebDAV 的实现。

WebDAV 最重要的特性包括：

锁(防止覆盖)

特性(创建,移除和查询)

命名空间管理

集合(创建,移除和列举资源)

使用以下过程为 Windows Server 2008 和 Windows Server 2008 R2 启用 WebDAV 并创建创作规则：

(1) 导航到"开始/所有程序/管理工具/Internet 信息服务(IIS)管理器"以启动 Internet Information Services 7 应用程序服务器管理器。

(2) 在"连接"窗格中,展开"站点"节点,如果对站点系统使用默认网站,则单击"默认网站",如果对站点系统使用自定义网站,则单击"SMSWEB"。

(3) 在"功能视图"中,双击"WebDAV 创作规则"。

(4) 显示"WebDAV 创作规则"页面后,在"操作"窗格中,单击"启用 WebDAV"。

(5) 在"操作"窗格中,单击"添加创作规则"。

(6) 在"添加创作规则"对话框中,对于"允许访问",选择"所有内容"。

(7) 对于"允许访问此内容",选择"所有用户"。

(8) 对于"权限",选择"读取",然后单击"确定"。

使用以下过程在 Windows Server 2008 和 Windows Server 2008 R2 上更改 WebDAV 的属性行为：

(1) 在"WebDAV 创作规则"页面的"操作"窗格中,单击"WebDAV 设置"。

(2) 在"WebDAV 设置"页面中,对于"属性行为",将"允许匿名属性查询"设置为"True"。

(3) 将"允许自定义属性"设置为 False。

(4) 将"允许深度不受限制的属性查询"设置为 True。

(5) 对于为"允许客户端使用 BITS、HTTP 和 HTTPS 从此分发点传输内容"而启用的分发点,将"WebDAV 行为"的"允许列出隐藏文件"设置为"True"。

(6) 在"操作"窗格中,单击"应用"。

(7) 关闭 Internet Information Services (IIS)管理器。

9.3.5 思考与练习

访问给出网站,下载 DAV Explorer,运行并且尝试连接 WebDAV 服务器。思考 Acl 访问控制列表,在这里是如何工作的。https://www.davexplorer.org/,如果这个链接失效,可以通过搜索引擎搜索。

9.4 IIS 安全加固

9.4.1 任务描述

公司,已经加强服务器的安全配置,现在要求应用服务也必须按安全基线要求来完成基本的安装配置,这项任务理所当然的就分配给小唐。

9.4.2 任务分析

小唐参考安全基线要求,查阅对 IIS 服务器进行了加固。

9.4.3 方法与步骤

步骤一:补丁安装

基线要求,及时安装补丁。因此小唐使用 NESSUSS 软件扫描服务器。下面是小唐的工作任务节选表格。

操作目的	安装系统补丁,修补漏洞
检查方法	使用 Nessus 远程扫描漏洞,或安装微软安全基准分析器 Microsoft Baseline Security Analyzer 扫描漏洞
加固方法	手动安装补丁

步骤二:IIS 角色服务

操作目的	卸载不需要的 IIS 角色服务
检查方法	"开始"—"所有程序"—"管理工具"—"服务器管理器" 双击"角色",在右边最下方可以看见角色服务  图 9.4.3-1 查看角色

（续表）

加固方法	双击"角色"，在右边最下方可以看见角色服务，单击"删除角色服务"。将不需要的服务前面的勾去掉，然后"下一步"，然后单击"删除"就可以删除不需要的扩展服务 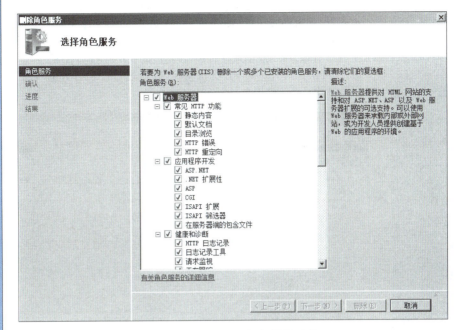 图 9.4.3-2　删除角色服务功能
回退方法	双击"角色"，在右边最下方可以看见角色服务，单击"添加角色服务"。将加固时删除的服务重新添加 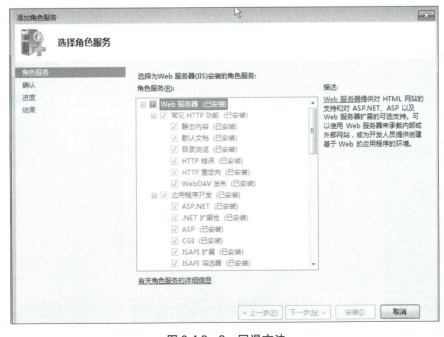 图 9.4.3-3　回退方法

步骤三：IIS 用户

操作目的	检查 IIS 服务的用户所属组是否正确
检查方法	（1）在命令行下使用 net user 命令查看 IIS 服务的用户信息 　　查看 IIS 匿名访问用户是否属于 guest 组：net user IUSR 　　查看 asp.net 用户是否属于 user 组：net user aspnet。 （2）在 IIS7 管理器中，双击站点名称，在右边的视图中找到"IIS"→"身份验证"。双击进入，可以看到当前的 IIS 身份情况，并可在"视图"右方的"操作"窗口进行"启用"、"禁用"或"编辑"  图 9.4.3-4　身份验证
加固方法	根据实际情况启用或禁用身份认证情况，比如如果没有开启 asp.net 应用，则禁用 asp.net 模拟。查看是否启用了匿名身份认证，IIS7 匿名身份为 IUSR，可单击"编辑"查看  图 9.4.3-5　查看 IIS 的访问用户

步骤四：监听地址

操作目的	服务器有多个 IP 地址时，只监听提供服务的 IP 地址
检查方法	在 IIS7 管理器中，找到相应的站点，在最右边"操作"视图中，单击"绑定"，可以看到已经绑定的 IP 地址 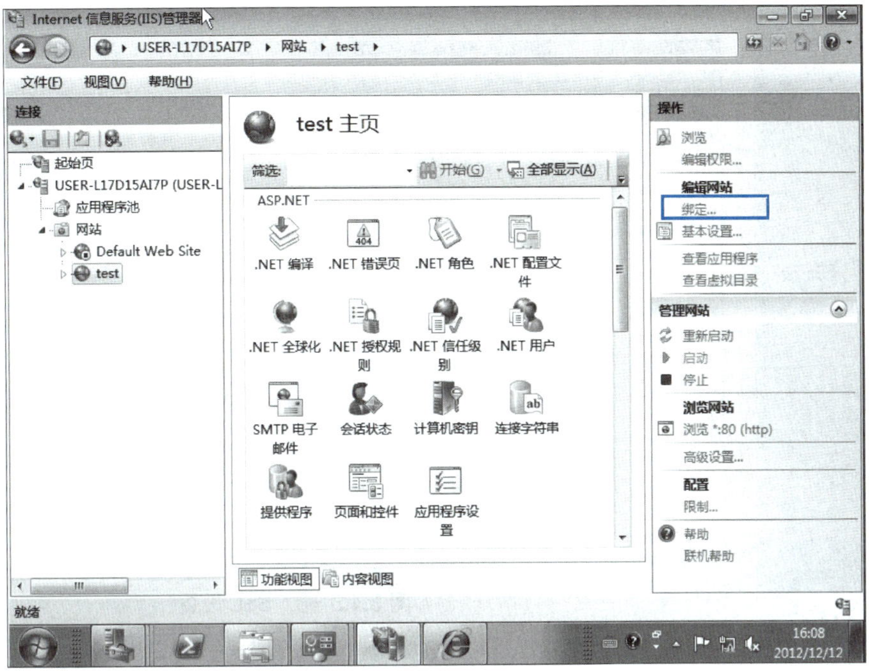 图 10.4.3-6　打开绑定对话框
加固方法	单击"编辑"，可以修改为要绑定的 IP 地址 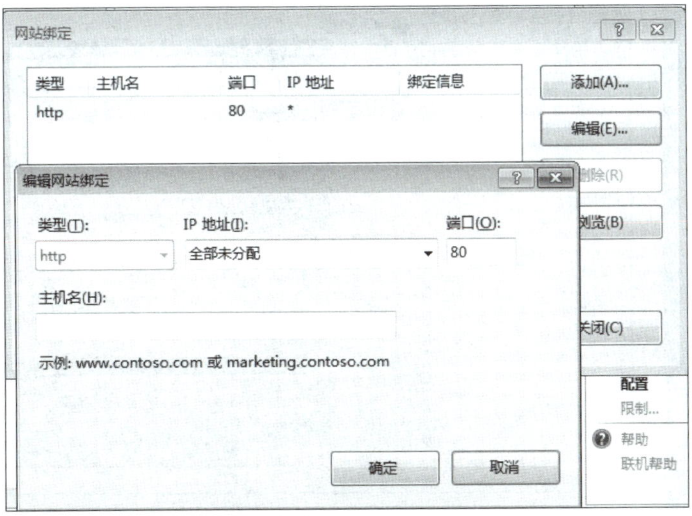 图 9.4.3-7　编辑网站绑定

9　使用 IIS 架设 Web 服务

步骤五：SSL 加密

操作目的	对敏感数据的传输，应该使用 SSL 加密，防止数据被嗅探
检查方法	在 IIS7 管理器中，找到相应站点，在网站主页视图中双击"SSL 设置"图标，可以查看是否设置 SSL 加密。如果没有在绑定的时候绑定为"https"的话，会在右上角显示"无法接受 SSL"连接  图 9.4.3－8　SSL 设置
加固方法	在新建网站的时候，选择"绑定"→"https"，并且选择相应的证书，如下图 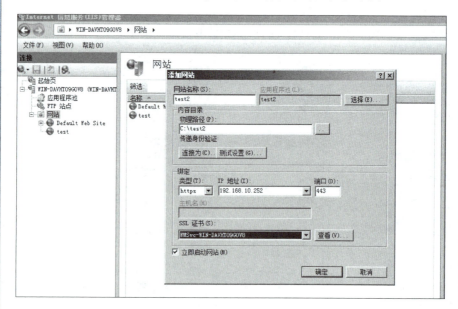 图 9.4.3－9　绑定证书

(续表)

加固方法	然后在网站主页视图中双击"SSL 设置"图标,可以设置开启 SSL,如下图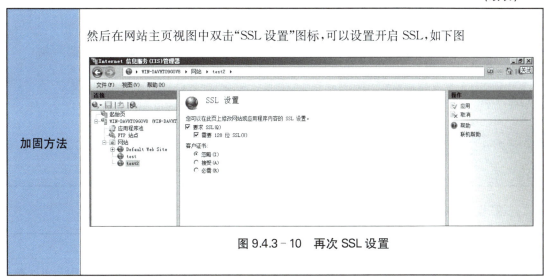图 9.4.3-10　再次 SSL 设置

步骤六:目录浏览

操作目的	禁止目录浏览
检查方法	在 IIS7 管理器中,找到相应站点,在网站主页视图中双击"目录浏览"图标,可以查看到目录浏览的相应配置信息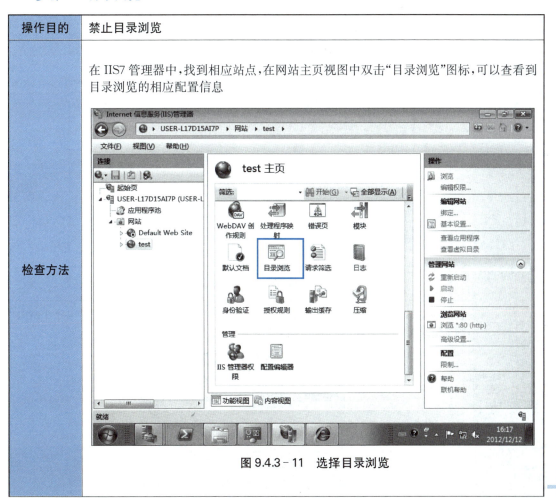图 9.4.3-11　选择目录浏览

（续表）

加固方法	双击"目录浏览"，在"操作"视图中，禁用目录浏览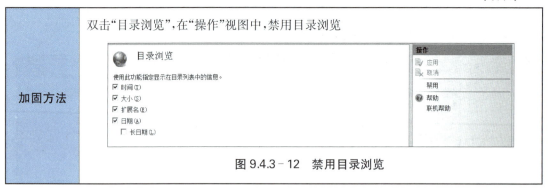图 9.4.3‑12　禁用目录浏览

步骤七：应用程序扩展

操作目的	删除不使用的应用程序扩展
检查方法	在 IIS7 管理器中，找到相应站点，在网站主页视图中双击"ISAPI 筛选器"图标，可以查看已经添加到筛选器的内容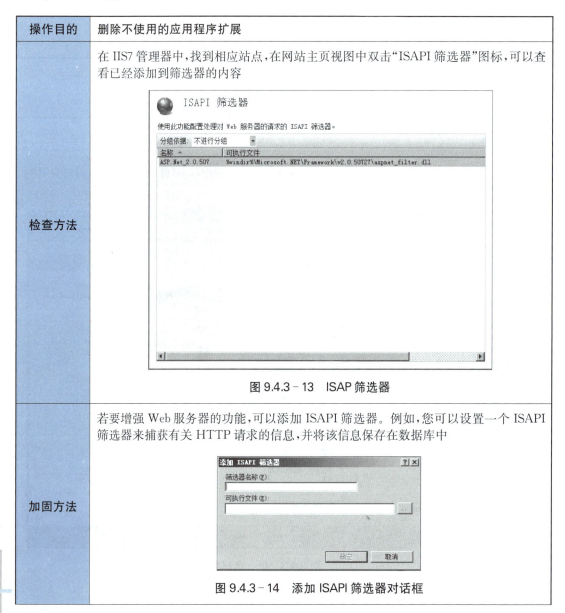图 9.4.3‑13　ISAP 筛选器
加固方法	若要增强 Web 服务器的功能，可以添加 ISAPI 筛选器。例如，您可以设置一个 ISAPI 筛选器来捕获有关 HTTP 请求的信息，并将该信息保存在数据库中

图 9.4.3‑14　添加 ISAPI 筛选器对话框 |

(续表)

加固方法	注：虽然 IIS 7.0 支持 ISAPI 筛选器，但建议使用"模块"而不是 ISAPI 筛选器来扩展 Web 服务器的功能。模块如下图  图 9.4.3-15　IIS 的模块

步骤八：网站权限

操作目的	正确设置网站目录权限和 IIS 权限
检查方法	（1）检查网站目录的文件系统权限 （2）在 IIS7 管理器中，找到相应站点，在网站主页视图中双击"处理程序映射"图标，可以查看处理特定请求类型的响应资源。 这里有两个设置权限的地方——"编辑功能权限"和"请求限制"： （1）"操作"视图中的"编辑功能权限"。 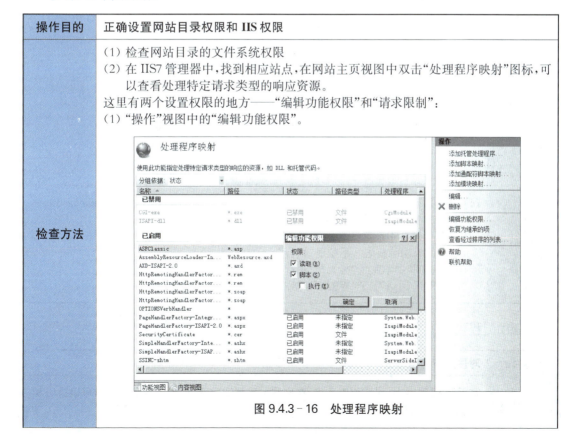 图 9.4.3-16　处理程序映射

9　使用 IIS 架设 Web 服务　147

(续表)

检查方法	(2) 双击每个条目,单击"请求限制"→"访问",与"编辑功能权限"对话框上设置的功能的访问策略一起确定处理程序是否能够运行。 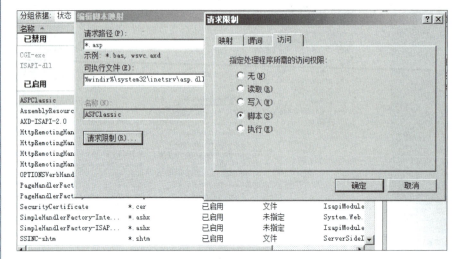 图 9.4.3-17 添加请求限制 (3)"请求限制"中的"谓词"选项卡,可以查看 HTTP 请求的方法  图 9.4.3-18 限制 HTTP 的方法
加固方法	(1) 网站目录所在磁盘应该是 NTFS 格式,网站目录除 SYSTEM 用户和 administrators 组有完全控制权限外,其余用户和组都只应设置为读取和执行权限。 (2) IIS7 管理器中设置: ①"编辑功能权限",不赋予"执行"。 ②"访问"中不赋予"写入"、"执行"权限。 ③"谓词"中不赋予"WRITE,DELETE,PUT"等方法

步骤九:授权规则

操作目的	对用户访问网站或应用程序进行相应限制
检查方法	在 IIS7 管理器中,找到相应站点,在网站主页视图中双击"授权规则"图标,可以查看相应规则,如下图

(续表)

检查方法	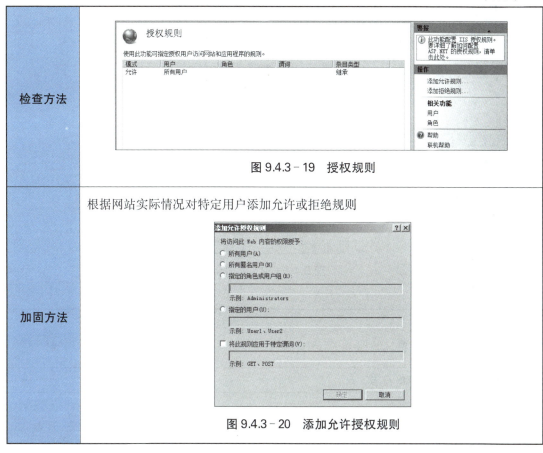 图 9.4.3-19 授权规则
加固方法	根据网站实际情况对特定用户添加允许或拒绝规则 图 9.4.3-20 添加允许授权规则

步骤十：限制 IP 访问

操作目的	对网站或敏感目录的访问 IP 进行限制
检查方法	在 IIS7 管理器中，找到相应站点，在网站主页视图中双击"IPv4 地址和域限制"图标，可以查看允许或被禁止的 ip 地址，如下图 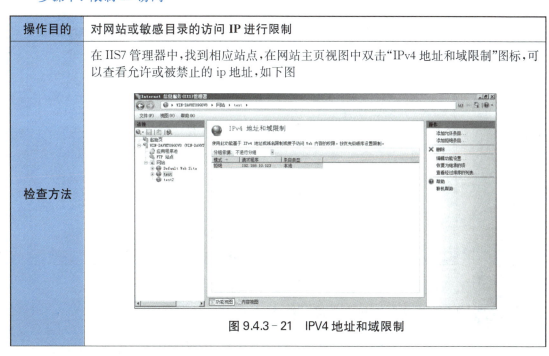 图 9.4.3-21 IPV4 地址和域限制

9 使用 IIS 架设 Web 服务　149

(续表)

加固方法	在"IPv4 地址和域限制"设置相关允许或禁止的 IP 地址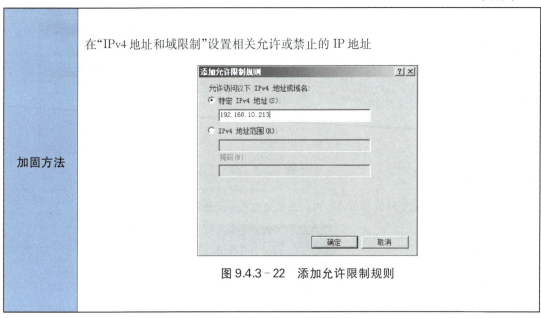图 9.4.3-22　添加允许限制规则

步骤十一：日志设置

操作目的	正确设置 IIS 日志
检查方法	在 IIS7 管理器中，在 IIS7 管理器中，找到相应站点，在网站主页视图中双击"日志"图标，可以查看日志设置情况，如下图：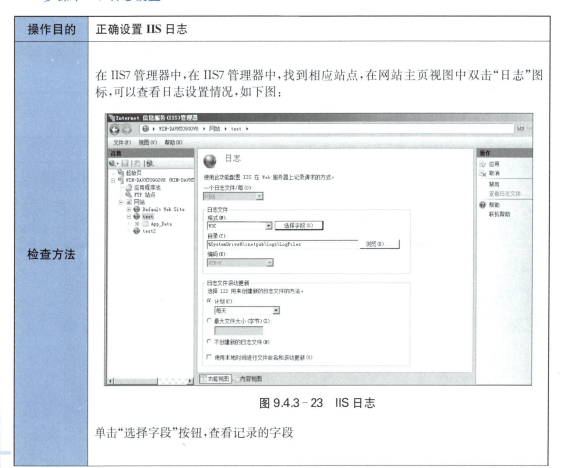图 9.4.3-23　IIS 日志 单击"选择字段"按钮，查看记录的字段

(续表)

检查方法	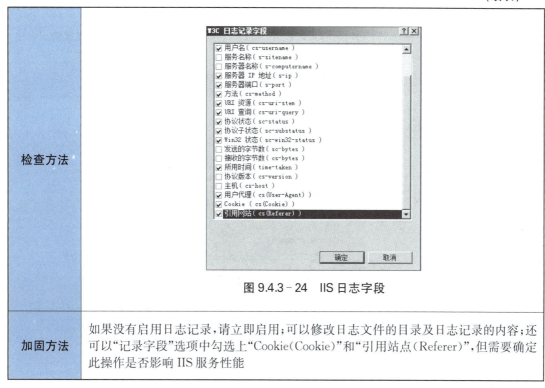 图 9.4.3-24　IIS 日志字段
加固方法	如果没有启用日志记录,请立即启用;可以修改日志文件的目录及日志记录的内容;还可以在"记录字段"选项中勾选上"Cookie(Cookie)"和"引用站点(Referer)",但需要确定此操作是否影响 IIS 服务性能

步骤十二:自定义错误信息

操作目的	自定义 IIS 返回的错误信息
检查方法	在 IIS7 管理器中,找到相应站点,在网站主页视图中双击"错误页面"图标,可以查看错误页设置情况,如下图  图 9.4.3-25　IIS 错误页

(续表)

加固方法	双击其中一个 HTTP 错误,可以设置该 HTTP 错误的消息类型,管理员设置错误发生时,返回自定义错误页面,或者定向到指定地址 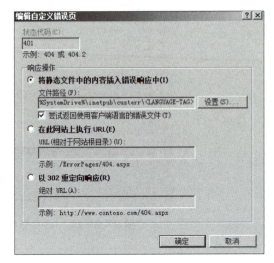 图 9.4.3-26 编辑 IIS 错误页 常见错误代码: 403 禁止访问;404 找不到页面;500 是服务器内部错误

步骤十三:删除风险文件(可选)

操作目的	删除可能带来风险的实例文件,避免被攻击者利用
检查方法	查看 C:\Inetpub\AdminScripts 目录是否存在
加固方法	删除 C:\Inetpub\AdminScripts

步骤十四:调整 IIS7 身份验证

IIS7 的身份验证,有下列这些:

1. 匿名身份验证

即用户访问站点时,不需要提供身份认证信息,即可正常访问站点。

2. 基本身份验证

若网站启用了基本身份验证,访问站点时,会要求用户输入密码。

使用此身份验证,需先将匿名身份验证禁用。

3. 默认域

可以添加域账户,或将其留空。将依据此域对登录到您的站点时未提供域的用户进行身份验证。

4. 领域

随便输入,将被显示到登录界面上。

5. 摘要式身份验证

摘要式身份验证如基本身份验证一样需要输入账户密码,但是比基本身份验证更安全,基本身份验证在网络上传输使用不加密的 Base64 编码的密码,而摘要式身份验证用户密码使用 MD5 加密!

使用摘要式身份验证必须具备下面三个条件:
- 浏览器 HTTP 1.1 IE5 以上都支持。
- IIS 服务器必须是 Windows 域控制器成员服务器或者域控制器。
- 用户登录招呼必须是域控制器账户,而且是同 IIS 服务器用以域或者信任域。

所以说摘要式身份验证是使用 Windows 域控制器对请求访问 Web 服务器内容的用户进行身份验证。

6. Windows 集成身份验证

如果希望客户端使用 NTLM 或 Kerberos 协议进行身份验证,则应使用 Windows 身份验证。Windows 身份验证同时包括 NTLM 和 Kerberos v5 身份验证,它最适用于 Intranet 环境,其原因如下:
- 客户端计算机和 Web 服务器位于同一个域中。
- 管理员可以确保所有客户端浏览器均为 Internet Explorer 2.0 或更高版本。
- 不需要不受 NTLM 支持的 HTTP 代理连接。
- Kerberos v5 需要连接到 Active Directory,这在 Internet 环境中不可行。

根据上面的描述,为网站选择一种身份验证方式。

9.3.4 拓展与提高

安全基线(BaseLine)是保持信息系统安全的机密性、完整性、可用性的最小安全控制,是系统的最小安全保证,最基本的安全要求。安全基线包含配置核查,是人员、技术、组织、标准的综合最低标准要求,同时也还涵盖管理类和技术类两个层面。配置核查是业务系统及所属设备在特定时期内,根据自身需求、部署环境和承载业务要求应满足的基本安全配置要求合集。

9.3.5 思考与练习

企业如何才能把安全基线工作做到实处,让其真正起到信息安全防护第一道屏障的作用呢?

9.5 配置 HTTPS 访问

9.5.1 任务描述

随着网络技术的发展,当前主流网站都采取了 SSL/TLS 对网站进行保护,具体表现为访问协议是 HTTPS,而不是 HTTP。公司计划对网站进行 HTTPS 的安全配置,所以安排小唐配置 HTTPS 服务。

9.5.2 任务分析

小唐对任务工作进行拆解。他知道对 HTTPS 来说,先要申请证书,他认为现在要完成的任务如下：

(1) 创建证书。
(2) 添加 HTTPS 服务,绑定默认端口 443。
(3) 测试 HTTPS 访问。

9.5.3 方法与步骤

步骤一：创建自签名证书

打开 IIS 管理器,选择"服务器证书",打开如下对话框,如图 9.5.3-1 所示。

图 9.5.3-1 打开服务器证书

步骤二：完成创建

按上步打开对话框,单击右侧"创建自签名证书",如图 9.5.3-2 所示。

步骤三：打开绑定

在图中单击绑定。出现的对话框,如图 9.5.3-3 所示。

图 9.5.3-2 完成创建

图 9.5.3-3 绑定

步骤四：添加 https，端口 443

如图 9.5.3-4 所示，添加网站绑定。

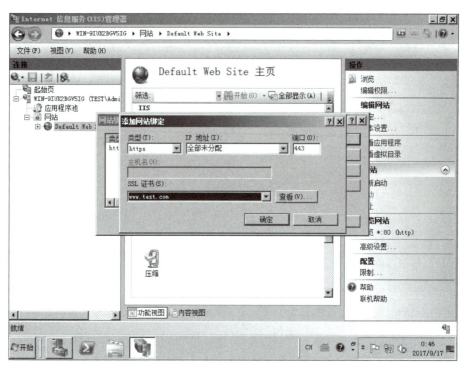

图 9.5.3–4　添加 https

步骤五：测试 HTTPS 访问

在浏览器输入，测试网址，查看是否能进行 HTTPS 访问。如图 9.5.3–5 所示。

图 9.5.3–5　访问 HTTPS 站点

9.5.4 拓展与提高

超文本传输安全协议(英语:Hypertext Transfer Protocol Secure,缩写:HTTPS,常称为 HTTP over TLS,HTTP over SSL 或 HTTP Secure)是一种通过计算机网络进行安全通信的传输协议。HTTPS 经由 HTTP 进行通信,但利用 SSL/TLS 来加密数据包。HTTPS 开发的主要目的,是提供对网站服务器的身份认证,保护交换数据的隐私与完整性。这个协议由网景公司(Netscape)在 1994 年首次提出,随后扩展到互联网上。

历史上,HTTPS 连接经常用于万维网上的交易支付和企业信息系统中敏感信息的传输。在 2000 年代晚期和 2010 年代早期,HTTPS 开始广泛使用于保护所有类型网站上的网页真实性,保护账户和保持用户通信,身份和网络浏览的私密性。

HTTPS 的主要思想是在不安全的网络上创建一个安全信道,并可在使用适当的加密包和服务器证书可被验证且可被信任时,对窃听和中间人攻击提供合理的防护。

HTTPS 的信任继承基于预先安装在浏览器中的证书颁发机构(如 Symantec、Comodo、GoDaddy 和 GlobalSign 等)(意即"我信任证书颁发机构告诉我应该信任的")。因此,一个到某网站的 HTTPS 连接可被信任,当且仅当:
- 用户相信他们的浏览器正确实现了 HTTPS 且安装了正确的证书颁发机构;
- 用户相信证书颁发机构仅信任合法的网站;
- 被访问的网站提供了一个有效的证书,意即,它是由一个被信任的证书颁发机构签发的(大部分浏览器会对无效的证书发出警告);
- 该证书正确地验证了被访问的网站(如,访问 https://example.com 时收到了给 example.com 而不是其他组织的证书);
- 或者互联网上相关的节点是值得信任的,或者用户相信本协议的加密层(TLS 或 SSL)不能被窃听者破坏。

HTTPS 不应与在 RFC 2660 中定义的安全超文本传输协议(S-HTTP)相混淆。

9.5.5 思考与练习

我们知道 HTTPS 可以为传输的内容提供机密性的保护,那么我们如何观察 HTTPS 协议工作的时候所起到的效果呢?

10　Linux 平台下的常见 Web 服务器

10.1 单元主要任务

公司准备上线新的 ERP 系统,董事会要求各个部门分别进行可行性调查分析,IT 部门的其中一项工作任务是调研 Web 服务器选择。由于 Windows 的授权费用比较高,而 Linux 平台下,有关授权费用将大大降低。因此公司主管要求小唐,分别对 Apache 服务器,Tomcat 服务器,Nginx 服务器进行安装和加固实验。公司测试部门,会在小唐的工作基础之上,对相关服务器进行压力测试和安全扫描测试。

10.2 单元内容提示

常见的 Web 服务器,如 Apache,Tomcat,Nginx 可以说是各有千秋,并且经常组合在一起使用。例如使用 Apache 来做静态页面的解析,Tomcat 做动态页面的解析,Nginx 做反向代理,因此了解这些 Web 服务器的安装和配置是非常重要的。具体来说,通过本章的学习,学生将掌握以下内容:

(1) 安装和加固 Apache。
(2) 安装和加固 Tomcat。
(3) 安装和加固 Nginx。

10.3 Apache 安装和加固

10.3.1 任务描述

小唐接到了公司的测试任务,他首先将第一个 WEB 服务测试的目标放在 APACHE 服务上。在这个任务中,小唐需要根据安全要求对 APACHE 服务进行安全和加固。

10.3.2 任务分析

根据对任务工作特点分析,小唐需要在服务器上完成下列工作:
(1) 安装 Apache 服务器。
(2) 对 Apache 服务器进行加固。

10.3.3 方法与步骤

步骤一：在 DEBIAN 系统上，安装 Apache

我们使用 apt-get 命令来安装 apache，如图 10.3.3 - 1 所示，在终端口中输入命令，即可完成安装：apt-get install apache2。

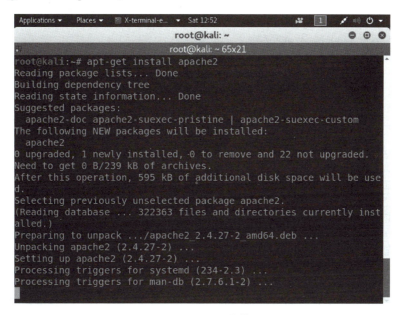

图 10.3.3 - 1 debian 安装 Apache

步骤二：REDHAT 安装 Apache

在 REDHAT 发行版下，软件安装管理就不是 DEBIAN 下的 apt-get 命令组了，我们使用 yum 命令安装 apache。如图 10.3.3 - 2 所示，在终端窗口下输入如下命令：yum install httpd。

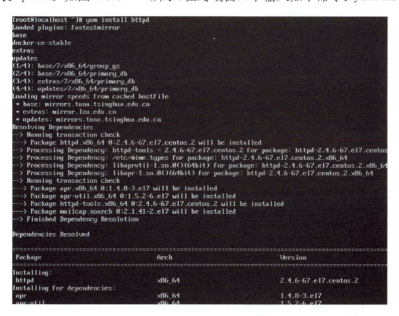

图 10.3.3 - 2 Redhat 安装 apache

步骤三：Apache 加固

1. 补丁安装

操作目的	安装新版本，修补漏洞
检查方法	1，使用扫描器远程扫描 Apache 漏洞 2，本地获取 Apache 版本信息，在漏洞库中查询此版本存在的漏洞 [root@Linux ~]♯ **httpd - v** Server version：Apache/2.2.3 Server built：Jan 21 2009 22：01：41
加固方法	1，联系操作系统厂商，获取最新版 Apache 软件包，升级安装 2，在 http：//httpd.apache.org/下载最新版 Apache 源码包，编译安装

2. 删除无用文件

操作目的	删除默认安装时的无用文件
检查方法	检查 Apache 目录下是否存在无用文件
加固方法	删除默认安装的 HTML 文件 ♯ cd /usr/local/apache2/htdocs/，有选择性的删除 删除不使用的默认安装的 CGI 脚本 ♯ rm - rf/usr/local/apache2/cgi - bin/ * 删除默认安装的 Apache 手册文件 ♯ rm - rf/usr/local/apache2/manual

3. 子进程用户设置

操作目的	设置 Apache 子进程用户
检查方法	查看 Apache 配置文件 httpd.conf User Apache Group Apache 上面两行，代表 Apache 子进程的运行用户为 Apache
加固方法	**Unix 系统**： 如果没有设置用户和组，则新建用户，并在 Apache 配置文件中指定 (1) 创建 Apache 组：**groupadd Apache** (2) 创建 Apache 用户并加入 Apache 组：**useradd Apache - g Apache** (3) 将下面两行加入 Apache 配置文件 httpd.conf 中 　　User Apache 　　Group Apache **Windows 系统**： (1) 新建一个 Apache 用户 (2) 设置 Apache 用户对 Apache 目录的相关权限 (3) 在服务管理器(service.msc)中找到 Apache 服务，右键选择属性，设置登录身份为 　　Apache 用户

(续表)

加固方法	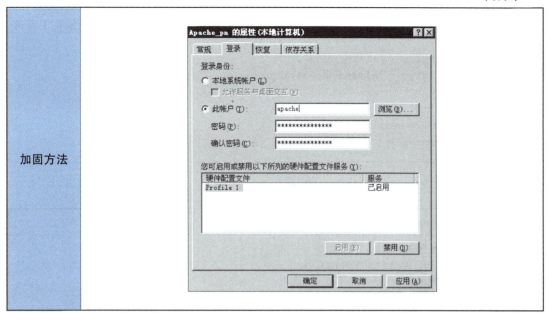

4. 隐藏版本信息

操作目的	隐藏 Apache 版本信息
检查方法	客户端：**telnet IP 80** 输入 **HEAD / HTTP/1.1**，两次回车 服务器返回： HTTP/1.1 400 Bad Request Date：Wed，13 May 2009 07：07：20 GMT Server：**Apache/2.2.3** Connection：close Content－Type：text/html；charset＝iso－8859－1
加固方法	修改 Apache 配置文件 httpd.conf ServerSignature Off　♯关闭服务器生成页面的页脚中的版本信息 ServerTokens Prod　♯关闭服务器应答头中的版本信息

5. 禁止目录遍历

操作目的	防止直接访问目录时由于找不到默认主页列出目录下文件
检查方法	查看 Apache 配置文件 httpd.conf <Directory "/var/www/html"> 　　　Options **Indexes** FollowSymLinks 　　　AllowOverride None 　　　Order allow，deny 　　　Allow from all </Directory>

（续表）

加固方法	修改 Apache 配置文件 httpd.conf，在"Indexes"前面添加减号，禁止找不到默认主页列出目录下文件
	<Directory "/var/www/html">
	    Options —**Indexes** FollowSymLinks
	    AllowOverride None
	    Order allow,deny
	    Allow from all
	</Directory>

6. 禁止 Apache 访问 Web 目录之外的任何文件

操作目的	禁止 Apache 访问 Web 目录之外的任何文件。
检查方法	**1. 判定条件** 无法访问 Web 目录之外的文件 **2. 检测操作** 访问服务器上不属于 Web 目录的一个文件，结果应无法显示
加固方法	**1. 参考配置操作** 编辑 httpd.conf 配置文件，"vi /etc/httpd/conf/httpd.conf" <Directory /> Order Deny,Allow Deny from all </Directory> **2. 补充操作说明** 设置可访问目录， <Directory /web> Order Allow,Deny Allow from all </Directory> 其中/web 为网站根目录

7. 监听地址

操作目的	服务器有多个 IP 地址时，只监听提供服务的 IP 地址和端口
检查方法	查看 Apache 配置文件 httpd.conf
加固方法	修改 Apache 配置文件 httpd.conf，设置只监听 1.1.1.1 地址的 80 端口 Listen 1.1.1.1:80

8. 禁用 CGI

操作目的	如果服务器上不需要运行 CGI 程序，建议禁用 CGI
检查方法	查看 Apache 配置文件 httpd.conf LoadModule cgi_module modules/mod_cgi.so #加载模块 ScriptAlias /cgi-bin/ "/var/www/cgi-bin/"

(续表)

检查方法	`<Directory "/var/www/cgi-bin">`
	　　AllowOverride None
	　　Options None
	　　Order allow,deny
	　　Allow from all
	`</Directory>`

加固方法	修改 Apache 配置文件 httpd.conf,把相关配置和模块都注释掉 ＃LoadModule cgi_module modules/mod_cgi.so ＃ScriptAlias /cgi-bin/ "/var/www/cgi-bin/" ＃`<Directory "/var/www/cgi-bin">` ＃　　AllowOverride None ＃　　Options None ＃　　Order allow,deny ＃　　Allow from all ＃`</Directory>`

9. 禁用 SSI

操作目的	如果服务器上不需要 SSI,建议禁用 SSI(Server Side Includes)

检查方法	查看 Apache 配置文件 httpd.conf
	LoadModule include_module modules/mod_include.so　　＃加载的模块
	`<Directory "/var/www/html">`
	　　Options Indexes FollowSymLinks **Includes**
	　　AllowOverride None
	　　Order allow,deny
	　　allow from all
	`</Directory>`

加固方法	修改 Apache 配置文件 httpd.conf,把相关模块注释掉,在"Include"前面添加减号
	＃LoadModule include_module modules/mod_include.so
	`<Directory "/var/www/html">`
	　　Options Indexes FollowSymLinks **−Includes**
	　　AllowOverride None
	　　Order allow,deny
	　　allow from all
	`</Directory>`

10. 日志审核

操作目的	检查 Apache 是否记录了错误信息和访问信息
检查方法	查看 Apache 配置文件 httpd.conf (1) 错误日志 ErrorLog logs/error_log　　＃存放诊断信息和处理请求中出现的错误 LogLevel warn　　　　　　＃设置错误日志中的信息的详细程度,可以选择下列 *level*:

(续表)

	Level	描 述	例 子
检查方法	emerg	紧急（系统无法使用）	"Child cannot open lock file. Exiting"
	alert	必须立即采取措施	"getpwuid：couldn't determine user name from uid"
	crit	致命情况	"socket：Failed to get a socket, exiting child"
	error	错误情况	"Premature end of script headers"
	warn	警告情况	"child process 1234 did not exit, sending another SIGHUP"
	notice	一般重要情况	"httpd：caught SIGBUS, attempting to dump core in …"
	info	普通信息	"Server seems busy, (you may need to increase StartServers, or Min/MaxSpareServers)…"
	debug	调试信息	"Opening config file …"

检查方法	（2）访问日志 CustomLog logs/access_log common　♯记录服务器所处理的所有请求 　　LogFormat "%h %l %u %t \"%r\" %>s %b" common　♯设置日志格式
加固方法	修改 Apache 配置文件 httpd.conf,正确设置错误日志和访问日志后,重新启动 Apache

11. 自定义错误信息

操作目的	自定义 Apache 返回的错误信息
检查方法	查看 Apache 配置文件 httpd.conf,检查是否使用 ErrorDocument 自定义错误信息
加固方法	修改 Apache 配置文件 httpd.conf,自定义错误信息,可以设置返回指定字符串,文件或重定向地址,如下： ErrorDocument 500 "The server made a boo boo." ErrorDocument 404 /missing.html ErrorDocument 402 http://www.example.com/subscription_info.html 常见错误代码： 403 禁止访问;404 找不到页面;500 是服务器内部错误

12. 关闭 TRACE

操作目的	防止 TRACE 方法被访问者恶意利用
检查方法	客户端：**telnet IP 80** 输入下面两行内容后,两次回车 OPTIONS * HTTP/1.1 HOST：1.1.1.4 服务器返回： HTTP/1.1 200 OK Date：Wed, 13 May 2009 07：09：31 GMT

(续表)

检查方法	Server：Apache/2.2.3 Allow：**GET,HEAD,POST,OPTIONS,TRACE** Content − Length：0 Connection：close Content − Type：text/plain；charset = UTF − 8 表示支持 TRACE 方法,注意查看是否还支持其他方法,如：PUT,DELETE 等,一般情况下都不应该出现在生产主机上
加固方法	修改 Apache 配置文件 httpd.conf,添加"TraceEnable Off" 注：适用于 Apache 2.0 以上版本

13. 关键文件权限

操作目的	严格设置配置文件和日志文件的权限,防止未授权访问
检查方法	使用命令查看配置文件和日志文件的权限 [root@Linux ~]# **ls − l /etc/httpd/conf/httpd.conf** − rw − r − − r − − 1 root root 7571 May 13 17：45 /etc/httpd/conf/httpd.conf [root@Linux ~]# **ls − l /var/log/httpd** total 16 − rw − r − − r − − 1 root root 4164 May 13 17：45 access_log − rw − r − − r − − 1 root root 3152 May 13 17：45 error_log − rw − r − − r − − 1 root root 0 May 13 16：58 ssl_access_log − rw − r − − r − − 1 root root 1896 May 13 17：45 ssl_error_log − rw − r − − r − − 1 root root 0 May 13 16：58 ssl_request_log
加固方法	使用命令"**chmod 600 /etc/httpd/conf/httpd.conf**"设置配置文件为属主可读写,其他用户无权限 使用命令"**chmod 644 /var/log/httpd/ * .log**"设置日志文件为属主可读写,其他用户只读权限

14. 禁用非法 HTTP 方法

操作目的	禁用 **PUT、DELETE** 等危险的 **HTTP** 方法
检查方法	查看 httpd.conf 文件,检查如下内容,是否只允许 get、post 方法 <LimitExcept GET POST > Deny from all </LimitExcept>
加固方法	编辑 httpd.conf 文件,只允许 get、post 方法 <LimitExcept GET POST > Deny from all </LimitExcept>

15. session 时间设置(可选)

操作目的	根据业务需要,合理设置 session 时间,防止拒绝服务攻击
检查方法	cat /etc/httpd/conf/httpd.conf 查看 Timeout、KeepAlive 和 KeepAliveTimeout 的配置

(续表)

加固方法	1) 编辑 httpd.conf 配置文件， Timeout 10 ♯客户端与服务器端建立连接前的时间间隔 KeepAlive On KeepAliveTimeout 15 ♯限制每个 session 的保持时间是 15 秒 注：此处为一建议值，具体的设定需要根据现实情况 (2) 重新启动 Apache 服务

16. 连接数设置（可选）

操作目的	根据机器性能和业务需求，设置最大最小连接数
检查方法	使用 httpd -l 检查 Apache 的工作模式，如列出 prefork.c，则检查 httpd.conf 中的＜IfModule prefork.c＞模块设置是否满足业务需求
加固方法	使用 httpd -l 检查 Apache 的工作模式，如列出 prefork.c，则进行下列操作： 修改 httpd.conf 文件找到 ＜IfModule prefork.c＞ StartServers 8 MinSpareServers 5 MaxSpareServers 20 MaxClients 150 MaxRequestsPerChild 1000 ＜/IfModule＞ 修改 MaxClients 150 为需要的连接数，如 1500 ServerLimit 1500 //连接数大于 256 需设置此项 MaxClients 1500 然后保存退出 重新启动 http 服务： /etc/rc.d/init.d/httpd restart

17. 上传目录设置（可选）

操作目的	禁止动态脚本在上传目录的运行权限，防止攻击者绕过过滤系统上传 webshell
检查方法	询问开发工程师，找到存放上传文件的目录
加固方法	修改 Apache 配置文件 httpd.conf，添加以下行，以 php 为例： ＜Directory "/var/www/html/upload"＞ 　＜FilesMatch "\.php $ "＞ 　　Order allow,deny 　　Deny from all 　＜/FilesMatch＞ ＜/Directory＞

18. 保护敏感目录（可选）

操作目的	对敏感目录设置密码。例如：admin 目录
检查方法	询问开发工程师，找到要保护的目录

加固方法	(1) 修改 Apache 配置文件 httpd.conf，添加以下行，以 admin 目录为例
	<Directory "/var/www/html/admin">
	    AuthName "Admin Access Page"
	    AuthType "Basic"
	    AuthUserFile "/etc/httpd/conf/.htpasswd"
	    Require valid-user
	</Directory>
	(2) 新建密码文件，并添加一个用户
	[root@Linux ~]# **htpasswd-c /etc/httpd/conf/.htpasswd user1**
	New password：
	Re-type new password：
	Adding password for user user1
	再添加一个用户
	[root@Linux ~]# **htpasswd-m /etc/httpd/conf/.htpasswd user2**
	New password：
	Re-type new password：
	Adding password for user user2
	添加完成后查看密码文件内容
	[root@Linux ~]# **cat /etc/httpd/conf/.htpasswd**
	user1：dy4U7/uW5JVrE
	user2：\$apr1\$76k4P...\$De4fvJ4Qeyded6J6NOElE/

19. 限制 IP 访问（可选）

操作目的	对网站或敏感目录的访问 IP 进行限制
检查方法	未设置此参数时，任意 IP 地址都可以访问网站或敏感目录

加固方法	查看 Apache 配置文件 httpd.conf
	<Directory "/var/www/html">
	    Options Indexes FollowSymLinks
	    AllowOverride None
	    Order allow,deny
	    allow from all
	</Directory>
	Order 定义了 allow 和 deny 的生效顺序，deny 排在后面代表先处理下面 allow from 定义的允许访问的地址，其余地址均 deny

10.3.4 拓展与提高

APACHE 服务配置文件的说明：

1. ServerRoot 配置

ServerRoot 主要用于指定 Apache 的安装路径，此选项参数值在安装 Apache 时系统会自动把 Apache 的路径写入。Windows 安装时，该选项的值为 Windows 安装的路径，Linux 安装时该选项值为编译时选择的路径。

2. Mutex default：logs

互斥：允许你为多个不同的互斥对象设置互斥机制【mutex mechanism】和互斥文件目录，或者修改全局默认值。如果互斥对象是基于文件的以及默认的互斥文件目录不在本地磁盘或因为其他原因而不适用，那么取消注释并改变目录。

3. Listen 配置

Listen 主要侦听 web 服务端口状态，默认为：80，即侦听所有的地址的 80 端口，注意这里也可以写成 IP 地址的侦听形式，不写即默认的地址：0.0.0.0。

4. Dynamic Shared Object（DSO）Support（动态共享对象支持）

主要用于添加 Apache 一些动态模块，比如 php 支持模块。重定向模块，认证模块支持，注意如果需要添加某些模块支持，只需把相关模块前面注释符号取消掉。

5. Apache 运行用户配置

此选项主要用指定 Apache 服务的运行用户和用户组，默认为：daemon。

6. Apache 服务默认管理员地址设置

此选项主要用指定 Apache 服务管理员通知邮箱地址，选择默认值即可，如果有真实的邮箱地址也可以设置此值

7. Apache 的默认服务名及端口设置

此选项主要用指定 Apache 默认的服务器名以及端口，默认参数值设置为：ServerName localhost：80 即可。

8. Apache 的根目录访问控制设置

此选项主要是针对用户对根目录下所有的访问权限控制，默认 Apache 对根目录访问都是拒绝访问。

9. Apache 的默认网站根目录设置及访问控制

区域的配置文件，主要是针对 Apache 默认网站根目录的设置以及相关的权限访问设置，默认对网站的根目录具有访问权限，此选项默认值即可。

10. Apache 的默认首页设置

区域文件主要设置 Apache 默认支持的首页，默认只支持：index.html 首页，如要支持其他类型的首页，需要在此区域添加：如 index.php 表示支持 index.php 类型首页。

11. Apache 关于.ht 文件访问配置

此选项主要是针对.ht 文件访问控制，默认为具有访问权限，此区域文件默认即可。

12. Apache 关于日志文件配置

此区域文件主要是针对 Apache 默认的日志级别，默认的访问日志路径，默认的错误日志路径等相关设置，此选项内容默认即可。

13. URL 重定向，cgi 模块配置说明

此区域文件主要包含一些 URL 重定向，别名，脚本别名等相关设置，以及一些特定的处理程序，比如 cgi 设置说明。

14. MIME 媒体文件，以及相关 http 文件解析配置说明

此区域文件主要包含一些 mime 文件支持，以及添加一些指令在给定的文件扩展名与特定的内容类型之间建立映射关系，比如添加对 php 文件扩展名映射关系。

15. 服务器页面提示设置

此区域可定制的访问错误响应提示，支持三种方式：① 明文，② 本地重定向，③ 外部重定向；另外还包括内存映射或"发送文件系统调用"可被用于分发文件等配置。

16. Apache 服务器补充设置

此区域主要包括：服务器池管理，多语言错误消息，动态目录列表形式配置，语言设置，用户家庭目录，请求和配置上的实时信息，虚拟主机，Apache Http Server 手册，分布式创作和版本控制，多种类默认设置，mod_proxy_html，使其支持 HTML4/XHTML1 等等补充配置的补充。

17. Apache 服务器安全连接设置

此区域主要是关于服务器安全连接设置，用于使用 https 连接服务器等设置的地方。

10.3.5　思考和练习

简述 APACHE 服务的安全加固步骤与要求。

10.4　Tomcat 安装和加固

10.4.1　任务描述

前个任务中，小唐完成了 APACHE 的安装和加固的测试，结果公司非常满意。现在，小唐将继续完成公司的测试任务，测试 WEB 服务器 TOMCAT 的安装与安全加固的步骤，以及加固后是否还存在漏洞。

10.4.2　任务分析

在本任务中，小唐首先要在各 Linux 发行版上安装 Tomcat 服务，然后在对其进行安全加固。所以，本任务的主要列表如下：
（1）安装 Tomcat 服务器。
（2）对 Tomcat 服务器进行加固。

10.4.3　方法与步骤

步骤一：DEBIAN 安装 Tomcat

我们使用 apt-get 命令来安装 Tomcat，如图 11.4.3-1 所示，在终端中输入命令：apt-get install tomcat8。

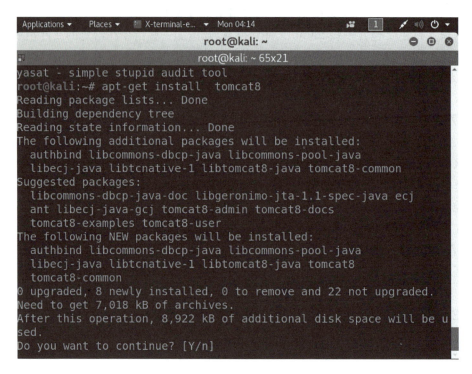

图 10.4.3-1 debian 安装 Tomcat

步骤二：在其他 Linux 发行版上安装 Tomcat

下载 tomcat，访问链接 http://tomcat.apache.org/download-90.cgi。

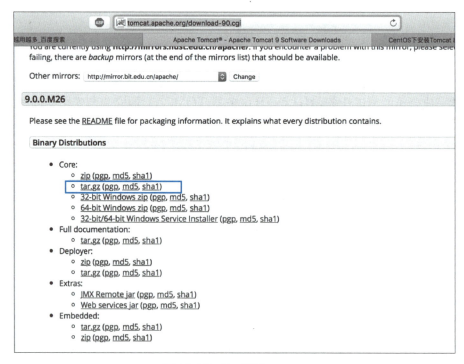

图 10.4.3-2 下载 tomcat

使用 wget 下载 tomcat,如图 10.4.3 - 3 所示。

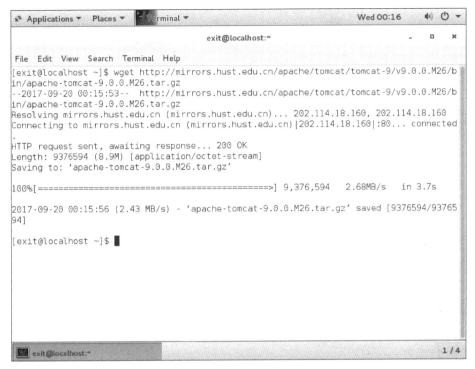

图 10.4.3 - 3 wget 下载

解压 tomcat：在系统使用命令解压安装包。如图 10.4.3 - 4 所示。

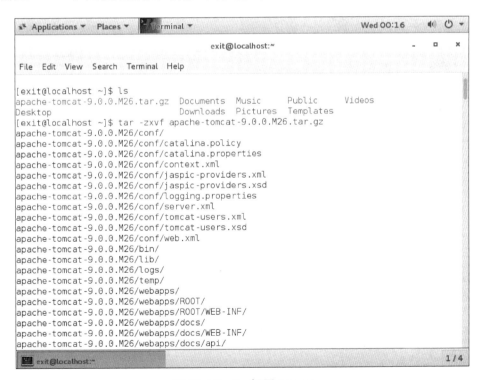

图 10.4.3 - 4 解压 tomcat

移动 tomcat，将 tomcat 移动到/usr/local 目录中。如图 10.4.3－5 所示。

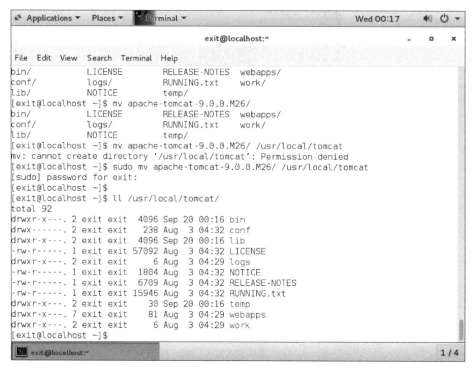

图 10.4.3－5　移动 tomcat

安装 java，如图 10.4.3－6 所示。

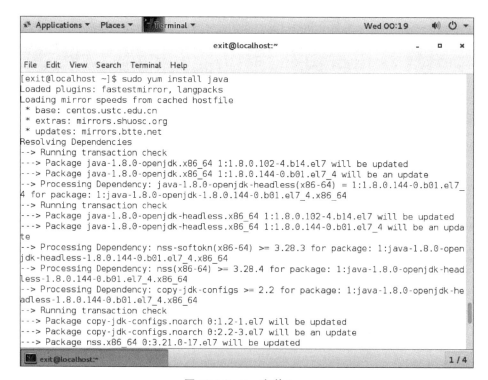

图 10.4.3－6　安装 java

启动测试,如图 10.4.3 – 7 所示。

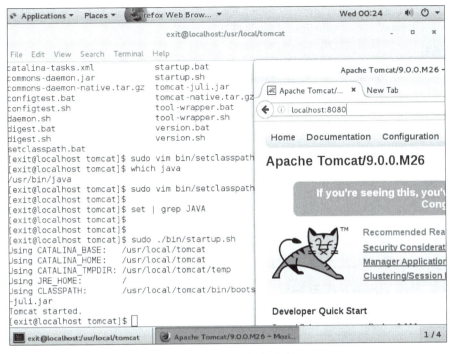

图 10.4.3 – 7　启动测试

步骤三：Tomcat 加固

1. 补丁安装

操作目的	安装新版本,修补漏洞
检查方法	查看 tomcat 版本信息
加固方法	安装最新版 tomat,http://httpd.tomcat.org/

2. 删除文档和示例程序

操作目的	删除文档和示例程序
检查方法	打开 tomcat_home/webapps 文件夹,默认存在 docs 和 examples 文件夹
加固方法	建议删除 docs 和 examples 文件夹

3. 检查控制台口令

操作目的	加固 tomcat 控制台,设置复杂的口令
检查方法	（1）如果不需要使用控制台 Tomcat 6.x/7.x： 默认通过 http://ip: 8080/manager/html 可以访问 tomcat manager,如果不需要使用,建议删除 tomcat_home/webapps/manager 和 host-manager 文件夹； Tomcat 5.x：

（续表）

检查方法	默认通过 http://ip：8080/admin 可以访问 tomcat admin，如果不需要使用，建议删除 tomcat_home/webapps/admin 文件夹 （2）如果需要使用 tomcat manager Tomcat 5.x/6.x： 打开 tomcat_home/conf/tomcat-users.xml，查看用户密码复杂度，例如： <role rolename = "manager"/> <user username = "tomcat" password = "**复杂的口令**" roles = "manager"/> Tomcat 7.x： 打开 tomcat_home/conf/tomcat-users.xml，查看用户密码复杂度，例如： <role rolename = "manager - gui"/> <user username = "tomcat" password = "**复杂的口令**" roles = "manager - gui"/>
加固方法	（1）删除 tomcat_home/webapps 下的相关文件夹 （2）在 tomcat-users.xml 中为所有用户设置复杂的密码

4. 设置 SHUTDOWN 字符串

操作目的	防止恶意用户 telnet 到 8005 端口后，发送 SHUTDOWN 命令停止 tomcat 服务
检查方法	打开 tomcat_home/conf/server.xml，查看是否设置了复杂的字符串 <Server port = "8005" shutdown = "**复杂的字符串**">
加固方法	设置复杂的字符串，防止恶意用户猜测

5. 设置运行身份

操作目的	以 tomcat 用户运行服务，增强安全性
检查方法	查看 tomcat 的启动脚本或服务，确认是否以 tomcat 身份运行
加固方法	Unix 系统： （1）创建 apache 组：**groupadd tomcat** （2）创建 apache 用户并加入 apache 组：**useradd tomcat - g tomcat** （3）以 tomcat 身份启动服务 Windows 系统： （1）新建一个 tomcat 用户 （2）设置 tomcat 用户对 tomcat_home 的相关权限 （3）在服务管理器（service.msc）中找到 tomcat 服务，右键选择属性，设置登录身份为 tomcat 用户 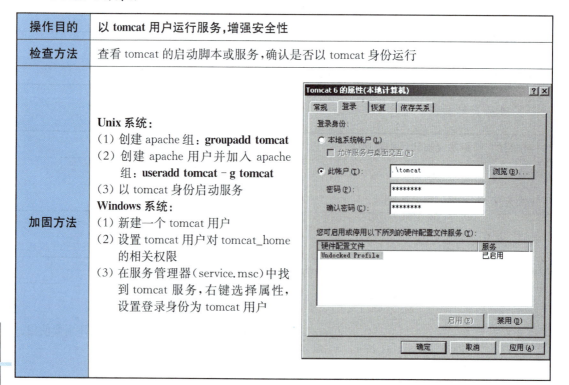

6. 禁止列目录

操作目的	防止直接访问目录时由于找不到默认主页而列出目录下所有文件
检查方法	打开应用程序的 web.xml，查看 listings 是否设置为 false <param－name>listings</param－name> <param－value>**false**</param－value>
加固方法	将 listings 的值修改为 false

7. 日志审核

操作目的	检查 tomcat 是否记录了访问日志
检查方法	tomcat 的日志信息默认存放在 tomcat_home/logs 中，访问日志默认未开启
加固方法	如果 tomcat 前端有 Apache，Apache 可以记录访问日志。如果 tomcat 独立运行，可以开启 tomcat 访问日志，修改 tomcat_home/conf/server.xml，取消注释： <Valve className = "org.apache.catalina.valves.AccessLogValve" directory = "logs" prefix = "**localhost_access_log.**" suffix = ".txt" pattern = "common" resolveHosts = "false"/> 启用 access_log 后，重启 tomcat，在 tomcat_home/logs 中可以看到访问日志 注：这里记录的时间转换为北京时间需要 +8 小时

8. 自定义错误信息

操作目的	自定义 Tomcat 返回的错误信息
检查方法	查看应用程序的 web.xml 中<error-page> </error-page>部分的设置
加固方法	修改应用程序的 web.xml，在最后</web-app>一行之前加入以下内容 (1) 表示出现 404 未找到网页的错误时显示 404.html 页面 <error－page> <error－code>404</error－code> <location>/404.html</location> </error－page> 建议自定义 403,404,500 错误的页面 (2) 表示出现 java.lang.NullPointerException 错误时显示 error.jsp 页面 <error－page> <exception－type>java.lang.NullPointerException</exception－type> <location>/error.jsp</location> </error－page>

9. 禁用非法 HTTP 方法

操作目的	禁用 PUT、DELETE 等危险的 HTTP 方法
检查方法	编辑 web.xml 文件中配置，查看 readonly 的 param-value 值是否为 false
加固方法	编辑 web.xml 文件中配置，将 readonly 的 param-value 值设为 false org.apache.catalina.servlets.DefaultServlet 的 <init－param> <param－name>readonly</param－name> <param－value>false</param－value> </init－param>

10. 系统 Banner 信息（可选）

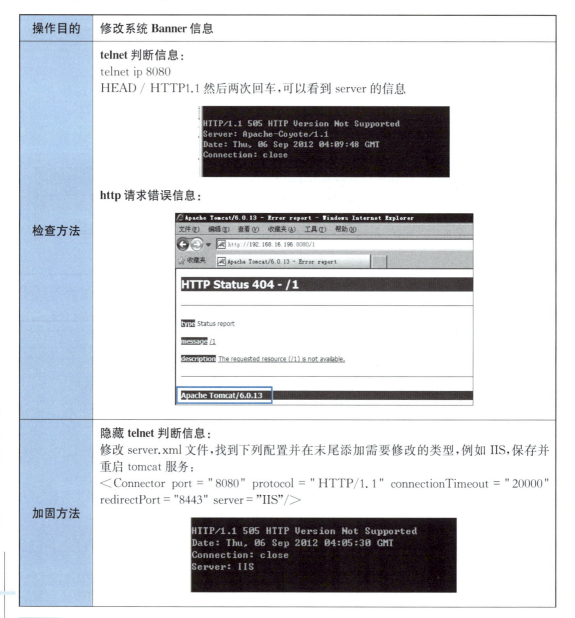

操作目的	修改系统 Banner 信息
检查方法	telnet 判断信息： telnet ip 8080 HEAD / HTTP1.1 然后两次回车，可以看到 server 的信息 http 请求错误信息：
加固方法	隐藏 telnet 判断信息： 修改 server.xml 文件，找到下列配置并在末尾添加需要修改的类型，例如 IIS，保存并重启 tomcat 服务： <Connector port = "8080" protocol = "HTTP/1.1" connectionTimeout = "20000" redirectPort = "8443" server = "IIS"/>

(续表)

加固方法	**隐藏 http 请求错误信息：** 修改 catalina.jar 中 catalina.jar\org\apache\catalina\util\Serverinfo.properties 文件的以下参数（修改以掩饰真实版本信息），保存并重启 tomcat 服务： server.build = IIS server.number = 6 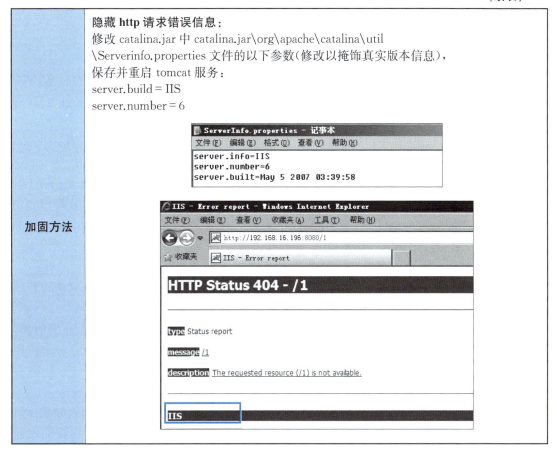

11. 连接数设置（可选）

操作目的	根据机器性能和业务需求，设置最大最小连接数。
检查方法	编辑 server.xml 文件，查看以下值的设置： maxThreads minSpareThreads maxSpareThreads acceptCount
加固方法	编辑 server.xml 文件，样例如下： ＜Connector　port = "8080" 　　　　maxThreads = "150" 　　　　minSpareThreads = "25" 　　　　maxSpareThreads = "75" 　　　　acceptCount = "100" 　　　／＞ maxThreads = "150"　表示最多同时处理 150 个连接 minSpareThreads = "25"　　表示即使没有人使用也可以开这么多空的线程等待 maxSpareThreads = "75"　　表示最多可以空 75 个线程 acceptCount = "100"　当同时连接的人数达到 maxThreads 时，还可以接收排队的连接，超过这个连接的则直接返回拒绝连接

10　Linux 平台下的常见 Web 服务器

10.4.4 拓展与提高

TOMCAT 布署 WEB 的三种方式：

1. 部署解包的 webapp 目录

将 Web 项目部署到 Tomcat 中的方法之一，是部署没有封装到 WAR 文件中的 Web 项目。要使用这一方法部署未打包的 webapp 目录，只要把我们的项目（编译好的发布项目，非开发项目）放到 Tomcat 的 webapps/myweb 目录下就可以了。

这时，打开 Tomcat 服务器（确保服务器打开），就可以在浏览器以 http://localhost:8080/myweb 形式访问我们的项目了。

但这个时候，我们发现，在访问我们的项目内容时，必须加上我们的项目名字"myweb"，这样很不好。如果想直接以不用加项目名的 http://localhost:8080/index.html 这种形式访问，可以编辑 conf/server.xml 进行配置。打开 server.xml 文件，找到 Host 元素，Host 内部增加 Context 的内容，增加之后如下

＜context docbase="myweb" path=""/＞

这个时候，就可以通过这种不用加项目名的 http://localhost:8080/index.html 形式访问了。

2. 打包的 war 文件

这种方式，只需把打包的 war 文件放在 webapps 目录下。当我们启动 Tomcat 的时候，Tomcat 要做的第一件事就是解包 war 文件的内容到相同文件名的路径中，取出.war 扩展名，然后从解包的目录中读取项目文件。

3. Manager web

Manager Web 源应用程序可以让我们通过 Web 管理自己的 Web 项目。当然，如果任何人都能管理其他人的项目，事情就变得有点棘手了，更别提安全防护了。所以，在我们想通过 Manager Web 管理自己的项目时，需要进行权限设置。

首先访问 Apache Tomcat 欢迎页。这个时候，我们单击 Manager App 的部分，会提示我们输入用户名和密码。Applications 下显示了 webapps 目录下的项目目录：ROOT 目录，doc 目录，manager 目录，这些都是 Tomcat 自带的。现在我们开始部署自己的项目。在 Deploy 下，我们看到有两种方式：1.Deploy directory or WAR file located on server；2.WAR file to deploy。

按向导即可完成布署。

10.4.5 思考与练习

请你用三种方式来布署你的网站。

10.5 Nginx 安装和加固

10.5.1 任务描述

前个任务中，小唐完成了 TOMCAT 的安装和加固的测试，结果公司非常满意。现在，

小唐将继续完成公司的测试任务,测试WEB服务器Nginx的安装与安全加固的步骤,以及加固后是否还存在漏洞。

10.5.2 任务分析

小唐查阅了相关资料,发现要完成Nginux的配置需要完成如下任务:
(1) 安装Nginx服务器。
(2) 对Nginx服务器进行加固。

10.5.3 方法与步骤

步骤一:DEBIAN 安装 Nginx

小唐使用apt-get命令来安装nginx,他在终端窗口中如图10.5.3所示,输入命令:apt-get install nginx。

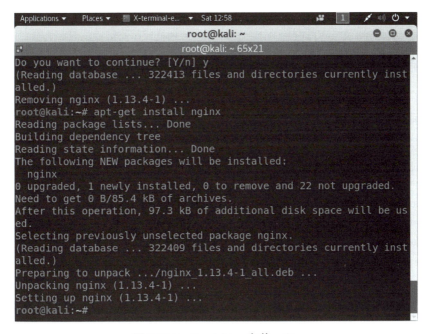

图 10.5.3 - 1 debian 安装 nginx

步骤二:在 REDHAT 发行版上安装 Nginx

1. 编译安装

安装nginx需要先将官网下载的源码进行编译,编译依赖gcc环境,如果没有gcc环境,则需要安装。如图10.5.3-2所示。

$$yum\ install\ gcc-c++$$

2. PCRE pcre-devel 安装

PCRE(Perl Compatible Regular Expressions)是一个Perl库,包括perl兼容的正则表达式库。nginx的http模块使用pcre来解析正则表达式,所以需要在Linux上安装pcre库,pcre-devel是使用pcre开发的一个二次开发库。nginx也需要此库。如图11.5.3-3所示安装。

$$yum\ install\ -y\ pcre\ pcre-devel$$

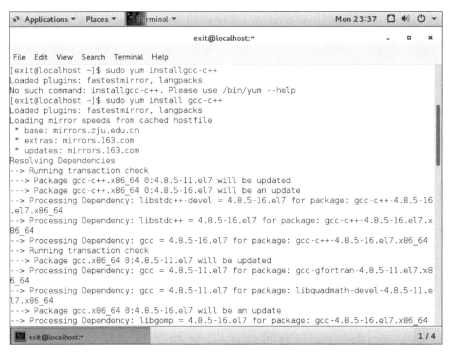

图 10.5.3-2 安装 gcc

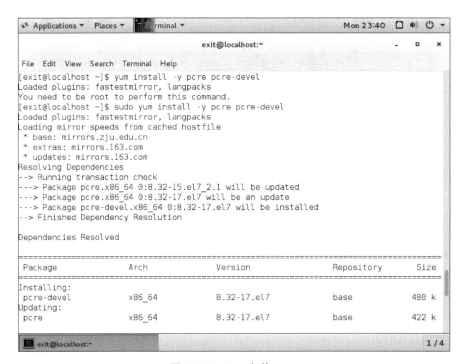

图 10.5.3-3 安装 pcre

3. zlib 安装

zlib 库提供了很多种压缩和解压缩的方式，nginx 使用 zlib 对 http 包的内容进行 gzip，所以需要在 Centos 上安装 zlib 库。如图 11.5.3-4 所示安装。

yum install -y zlib zlib-devel

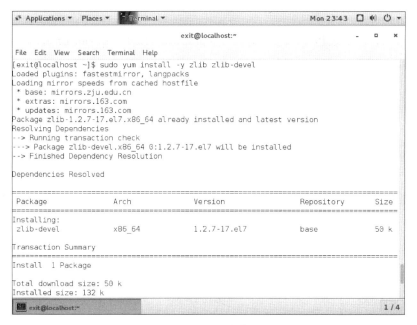

图 10.5.3-4　安装 zlib

4. OpenSSL 安装

作为一个基于密码学的安全开发包，OpenSSL 提供的功能相当强大和全面，囊括了主要的密码算法、常用的密钥和证书封装管理功能及 SSL 协议，并提供了丰富的应用程序供测试或其他目的使用。

nginx 不仅支持 http 协议，还支持 https（即在 ssl 协议上传输 http），所以需要在 Centos 安装 OpenSSL 库。如图 11.5.3-5 所示安装。

　　　　　　　　yum install －y openssl openssl－devel

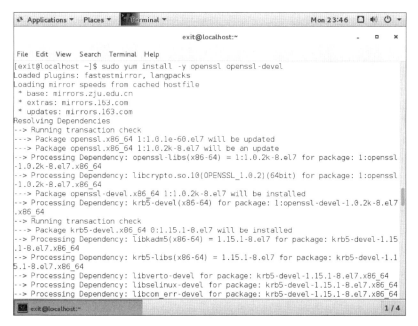

图 10.5.3-5　安装 openssl

5. 下载 nginx

直接下载.tar.gz 安装包,地址：https://nginx.org/en/download.html。

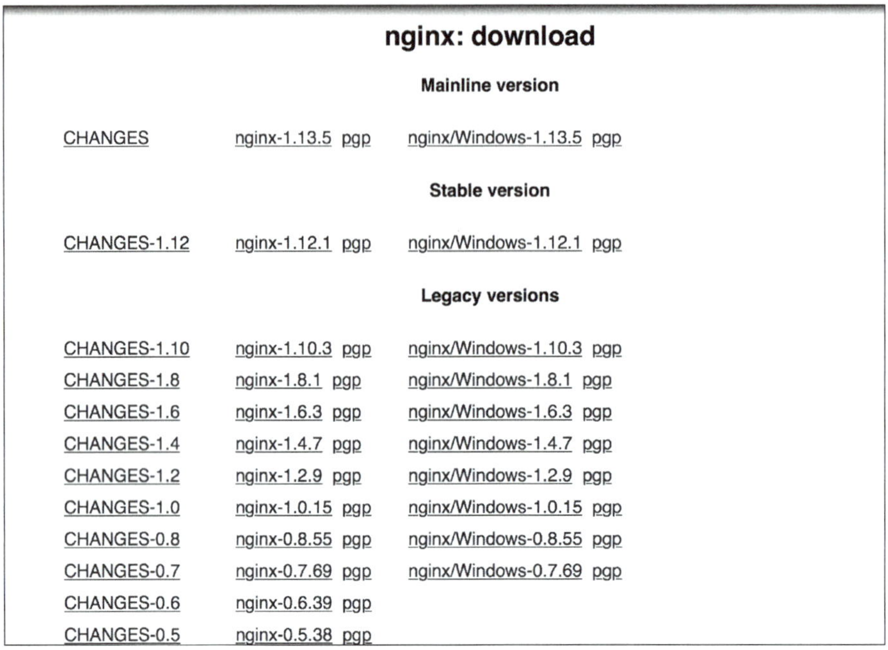

图 10.5.3-6　官方下载

使用 wget 直接下载,如图 10.5.3-7 所示。

$$\text{wget} - \text{c https}: //\text{nginx.org/download/nginx} - 1.13.5.\text{tar.gz}$$

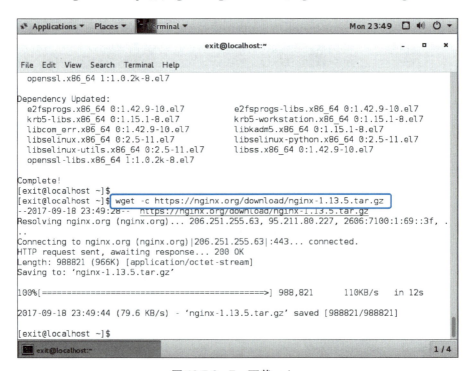

图 10.5.3-7　下载 nginx

6. 解压 nginx

$$tar - zxvf\ nginx - 1.13.5.tar.gz$$

图 10.5.3-8　解压 nginx

7. 配置 nginx

在 nginx-1.13.5 版本中你就不需要去配置相关东西,默认就可以了。当然,如果你要自己配置目录也是可以的

$$./configure$$

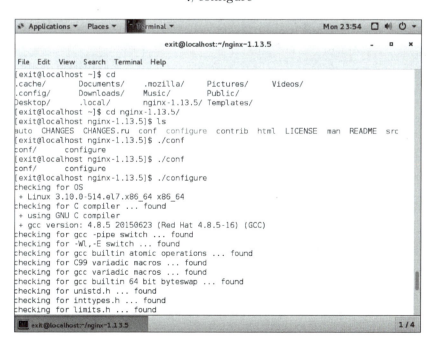

图 10.5.3-9　配置 nginx

8. 编译安装

$$\text{make \&\& make install}$$

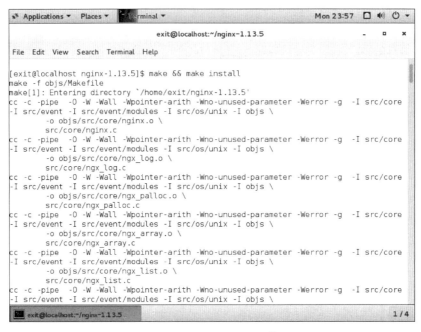

图 10.5.3 - 10　编译安装

9. 测试

进入 nginx 的安装目录后，直接运行 nginx。

$$\text{cd /usr/local/nginx/sbin}$$

$$\text{sudo ./nginx 启动 nginx}$$

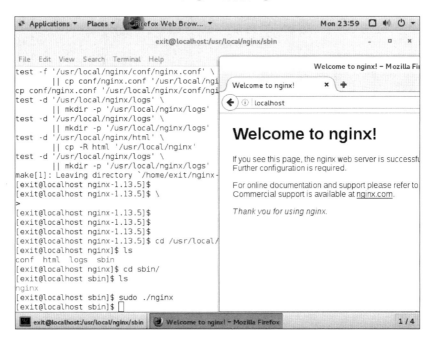

图 10.5.3 - 11　测试

步骤三:Nginx 加固

1. 查看软件信息

查看软件版本	nginx -v
测试配置文件	nginx -t

2. 补丁安装

操作目的	安装系统补丁,修补漏洞
检查方法	查看版本和编译器信息
加固方法	手动安装补丁或安装最新版本软件

3. 卸载不需要的模块

操作目的	卸载不需要的 nginx 模块,最大限度地将 nginx 加载的模块最小化
检查方法	在编译 nginx 服务器时,使用下面的命令查看哪些模块应该启用,哪些模应该禁用: ♯ ./configure - - help | less
加固方法	禁用 autoindex 和 SSI 模块的命令如下: ♯ ./configure - - without - http_autoindex_module - - without - http_ssi_module ♯ make ♯ make install

4. 防盗链

操作目的	防止其他网站盗链本网站资源
检查方法	修改/conf/nginx.conf 配置文件

加固方法	更改配置文件:
	location ~* ^.+\.(gif|jpg|png|swf|flv|rar|zip)$ {
	　　valid_referers none blocked server_names *.nsfocus.com
	http://localhost baidu.com;
	if ($invalid_referer) {
	　rewrite ^/
	[img]http://www.nsfocus.com/images/default/logo.gif[/img];
	♯ return 403;
	　}
	}

5. 限制 IP 访问

操作目的	对网站或敏感目录的访问 IP 进行限制
检查方法	安装 ngx_http_access_module

(续表)

加固方法	修改配置文件：
	location / {
	   deny 192.168.1.1;　　#拒绝 IP
	   allow 192.168.1.0/24;　#允许 IP
	   allow 10.1.1.0/16;　　#允许 IP
	   deny　all;　　　　　#拒绝其他所有 IP
	}

6. 下载限制并发和速度

操作目的	限制客户端下载速度，保证服务器负载正常
检查方法	

加固方法	例如网站存放路径为/usr/local/nsfocus/
	修改配置文件：
	limit_zone one $ binary_remote_addr 10m;
	server
	{
	   listen　80;
	   server_name down.nsfocus.com;
	   index index.html index.htm index.php;
	   root　/usr/local/nsfocus;
	   #Zone limit;
	   location / {
	      limit_conn one 1;
	      limit_rate 20k;
	   }
	………
	}

7. nginx 服务信息头

操作目的	修改 nginx 服务信息头内容，隐藏 nginx 版本信息
检查方法	
加固方法	修改 nginx 解压路径/src/http/ngx_http_header_filter_module.c 文件的第 48 和 49 行内容，自定义头信息： static char ngx_http_server_string[] = "Server：nsfocus.com" CRLF; static char ngx_http_server_full_string[] = "Server：nsfocus.com" CRLF; 添加如下代码到 nginx.conf 配置文件，禁止错误页面中显示 nginx 版本号： server_tokens off

8. 控制超时时间

操作目的	控制超时时间，提高服务器性能，降低客户端的等待时间
检查方法	

(续表)

加固方法	修改配置文件 ＃vi /usr/local/nginx/conf/nginx.conf 具体设置如下： client_body_timeout 10；＃设置客户端请求主体读取超时时间 client_header_timeout 10；＃设置客户端请求头读取超时时间 keepalive_timeout 5 5；＃第一个参数指定客户端连接保持活动的超时时间，第二个参数是可选的，它指定了消息头保持活动的有效时间 send_timeout10；＃指定响应客户端的超时时间
是否实施	
备 注	

9. 日志设置

操作目的	正确设置 nginx 日志
检查方法	查看 nginx.conf 配置文件中，error_log、access_log 前的"＃"是否去掉
加固方法	将 error_log 前的"＃"去掉，记录错误日志 将 access_log 前的"＃"去掉，记录访问日志 设置 access_log，修改配置文件如下： log_format　nsfocus　´＄remote_addr － ＄remote_user［＄time_local］´ 　　　　　　　　　　´"＄request" ＄status ＄body_bytes_sent "＄http_referer"´ 　　　　　　　　　　´"＄http_user_agent" "＄http_x_forwarded_for"´； access_log　logs/access.log　nsfocus； ＃nsfocus 是设置配置文件格式的名称

10. 自定义错误信息

操作目的	自定义 nginx 返回的错误信息
检查方法	
加固方法	修改 src/http/ngx_http_special_response.c，自己定制错误信息 ＃＃ messages with just a carriage return. static char ngx_http_error_400_page[] = CRLF； static char ngx_http_error_404_page[] = CRLF； static char ngx_http_error_413_page[] = CRLF； static char ngx_http_error_502_page[] = CRLF； static char ngx_http_error_504_page[] = CRLF； 常见错误： 400 bad request 404 NOT FOUND 413 Request Entity Too Large 502 Bad Gateway 504 Gateway Time－out

10.5.4 拓展与提高

HTTP 服务器本质上也是一种应用程序——它通常运行在服务器之上，绑定服务器的 IP 地址并监听某一个 tcp 端口来接收并处理 HTTP 请求，这样客户端（一般来说是 IE，Firefox，Chrome 这样的浏览器）就能够通过 HTTP 协议来获取服务器上的网页（HTML 格式）、文档（PDF 格式）、音频（MP4 格式）、视频（MOV 格式）等等资源。下图描述的就是这一过程：

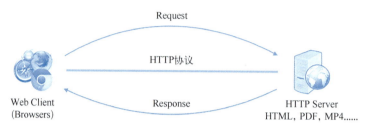

不仅仅是 Apache HTTP Server 和 Nginx，绝大多数编程语言所包含的类库中也都实现了简单的 HTTP 服务器方便开发者使用，例如：

◇ HttpServer（Java HTTP Server）
◇ Python SimpleHTTPServer

使用这些类库能够非常容易的运行一个 HTTP 服务器，它们都能够通过绑定 IP 地址并监听 tcp 端口来提供 HTTP 服务。

Apache Tomcat 则是 Apache 基金会下的另外一个项目，与 Apache HTTP Server 相比，Tomcat 能够动态的生成资源并返回到客户端。Apache HTTP Server 和 Nginx 都能够将某一个文本文件的内容通过 HTTP 协议返回到客户端，但是这个文本文件的内容是固定的——也就是说无论何时、任何人访问它得到的内容都是完全相同的，这样的资源我们称之为静态资源。动态资源则与之相反，在不同的时间、不同的客户端访问得到的内容是不同的，例如：

◇ 包含显示当前时间的页面
◇ 显示当前 IP 地址的页面

Apache HTTP Server 和 Nginx 本身不支持生成动态页面，但它们可以通过其他模块来支持（例如通过 Shell、PHP、Python 脚本程序来动态生成内容）。如果想要使用 Java 程序来动态生成资源内容，使用这一类 HTTP 服务器很难做到。Java Servlet 技术以及衍生的 Java Server Pages 技术可以让 Java 程序也具有处理 HTTP 请求并且返回内容（由程序动态控制）的能力，Tomcat 正是支持运行 Servlet/JSP 应用程序的容器（Container）：

10.5.5 思考与练习

经常听开发人员说，Tomcat 是应用程序服务器，是容器。应该怎么区分 Web 服务器和应用服务器呢？

附录 A 操作系统安全

操作系统用于管理计算机资源,控制整个系统运行,是计算机软件的基础。操作系统安全是计算、网络及信息系统安全的基础。本章重点介绍操作系统常用安全机制的原理,如身份鉴别、访问控制、文件系统安全、安全审计等,读者可以了解并掌握 Windows 和 Linux 操作系统的安全配置及使用方法。

计算机系统可以分为硬件系统和软件系统两部分。软件系统又可以按照系统软件和应用软件进行分类,其中系统软件主要由操作系统、数据库系统等组成。操作系统是管理系统资源、控制程序执行、提供良好人机界面和各种服务的一种系统软件,是连接计算机硬件与上层软件和用户之间的桥梁。因此,操作系统是其他系统软件、应用软件运行的基础,操作系统的安全性对于保障其他系统软件和应用软件的安全至关重要。

操作系统的首要功能是作为用户与计算机硬件之间的接口。操作系统处于用户和计算机硬件之间,用户通过操作系统来使用计算机。换句话说,用户在操作系统的帮助下能够方便、快捷、安全、可靠地操纵计算机硬件,运行程序。用户通过命令方式和系统调用方式来使用计算机。用户可以直接调用操作系统提供的各种功能,而无须了解软、硬件本身的细节。

尽管有强大的指令系统可以操控计算机裸机,但是直接操纵计算机硬件是很困难的,必须找到某种方法把复杂的硬件与用户隔离开来。经过不断地探索和研究,目前采用的方法是在计算机裸机上增加软件来组成整个计算机系统。同时,能为用户提供一个容易理解,便于程序设计的接口。所以,在计算机安装了操作系统后,可以扩展基本功能,为用户提供一台功能显著增强,使用更加方便,安全可靠性好,效率明显提高的机器。

操作系统位于底层硬件与用户之间,是两者沟通的桥梁。用户可以通过操作系统的用户界面,输入命令。操作系统则对命令进行解释,驱动硬件设备,实现用户要求。以现代标准而言,一个标准 PC 的操作系统应该提供以下的功能:

(1) 进程管理(Processing management)。
(2) 内存管理(Memory management)。
(3) 文件系统(File system)。
(4) 网络通信(Networking)。
(5) 安全机制(Security)。
(6) 用户界面(User interface)。
(7) 驱动程序(Device drivers)。

下图是操作系统的简单架构:

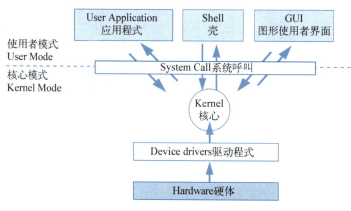

图 A-1 操作系统简单架构

操作系统是计算机系统的资源管理者。在计算机系统中,能分配给用户使用的各种硬件和软件设施总称为资源。资源包括两大类:硬件资源和信息资源。其中,硬件资源分为处理器、存储器、输入输出(Input/Output,I/O)设备等;信息资源则分为程序和数据等。操作系统的重要任务之一是对资源进行抽象研究,找出各种资源的共性和个性,有序地管理计算机中的硬件、软件资源。

资源管理是操作系统的一项主要任务,具体包括:CPU 管理、存储管理、设备管理、文件管理、网络与通信管理、用户接口等。

1. CPU 管理

CPU 管理的主要任务是对 CPU 的分配和运行实施有效的管理。

2. 存储管理

存储管理的主要任务是对内存进行分配、保护和扩充,为多道程序运行提供有力的支撑,便于用户使用存储资源,提高存储空间的利用率。

3. 设备管理

设备管理的主要任务是管理各类外围设备,完成用户提出的 I/O 请求,发挥 I/O 设备的并行性,提高 I/O 设备的利用率,提供每种设备的驱动程序和中断处理程序。

4. 文件管理

文件管理的主要任务是实施文件存储空间的管理、目录管理、文件操作管理和对文件实施保护。

5. 网络与通信管理

网络与通信管理的主要任务包括支持网络连接,提供数据通信管理和共享资源管理功能,同时对网络故障、安全和配置等进行管理。

6. 用户接口

操作系统为用户提供两种接口:命令接口和程序接口。其中,命令接口提供一组命令供用户直接或间接控制计算机,图形接口是命令接口的图形化表示;程序接口则提供一组系统调用,供用户程序和其他系统程序调用。

A.1 操作系统安全机制设计

根据操作系统的基本功能,操作系统安全的主要目标是:

(1) 标识系统中的用户并鉴别用户身份。

(2) 依据系统安全策略对用户的操作进行访问控制,防止用户和外来入侵者对计算机资源的非法访问。

(3) 监督系统运行的安全性。

(4) 保证系统自身的安全性和完整性。为实现这些目标,需要建立相应的安全机制,这些机制主要包括标识与鉴别、访问控制、最小特权管理、信道保护、安全审计、内存存储保护、文件系统保护等。

1. 标识与鉴别

所谓标识是指用户向系统表明自己身份的过程，用户身份认证是系统核查用户身份的过程。这两项工作统称为身份识别，或称为标识与鉴别。身份识别可以通过用户名、身份号或智能卡等用户标识来识别。用户一旦完成了身份识别，操作系统利用标识来跟踪用户的操作。因此，用户标识符必须是唯一的，而且是不能被伪造的。

标识与鉴别机制用于保证只有合法用户才能存取系统中的资源。在操作系统中，鉴别一般是在用户登录系统时完成。常用的鉴别方式是口令鉴别，关于标识与鉴别机制的详细内容请参见本书 3.1 节。

2. 访问控制

访问控制技术是计算机安全领域的一项传统技术，其基本任务是防止非法用户进入系统或合法用户非法使用系统资源。操作系统的访问控制是在身份识别的基础上，根据身份对资源访问请求加以控制。

访问控制的目的是为了限制主体对客体的访问权限，使计算机系统在合法范围内使用。它决定用户能做什么，也决定代表一定用户身份的进程能做什么。其中，主体是某个用户，也可以是用户启动的进程和服务。

目前常用的访问控制模型有三种，即 DAC、MAC 和 RBAC。有关上述三种访问机制的详细介绍请参见本书 3.2 节。

3. 最小特权管理

最小特权（least privilege）是信息安全的基本原则之一。所谓最小特权指的是在完成某种操作时只赋予每个主体（用户或进程）执行任务所需的最少的特权，也就是按照"必不可少的"原则为用户分配特权。最小特权原则一方面给予主体"必不可少"的特权，保证所有主体都能在所赋予的特权之下完成需要的任务或操作；另一方面，它只给予主体"必不可少"的特权，这就限制了每个主体所能进行的操作。

由于最小特权原则限定了每个主体所必需的最小特权，以确保可能的事故、错误、网络部件篡改等原因造成的损失最小。在操作系统中，最小特权原则可以有效地限制、分割用户、进程对系统资源访问的权限，降低了非法用户或非法操作可能给系统及数据带来的损害，对系统的安全具有至关重要的作用。

4. 信道保护

信道保护涉及两个方面：一方面是保护显式信道，防止非法或非授权信息通过信道；另一方面，堵住隐蔽信道，防止恶意用户通过隐蔽信道绕过强制存取控制进行非法通信。

（1）正常信道的保护。

正常信道的保护是由可信通路（trusted path）提供的。可信通路是终端人员能够直接同可信计算机通信的一种机制，该机制只能由终端人员或可信计算机启动，不能被不可信软件模仿。可信通路机制主要在用户登录或注册时应用。

可信通路机制一般是以安全键（Secure Attention Key，SAK）为基础实现的。SAK 是由终端驱动程序检测到的一个特殊组合。每当系统识别到用户在一个终端上键入 SAK，便终止对应到该终端的所有用户进程（包括特洛伊木马程序），启动可信的会话过程，以保证用户名和口令不被窃走。如在 Windows 系统中，SAK 是 <Ctrl + Alt + Del>，用户同时按下这三个键后，Windows 系统会终止所有用户进程，重新激活登录界面，提示用户输入用户名和口令。

(2) 隐蔽信道的发现和处理。

隐蔽信道是指系统中利用那些本来不是用于通信的系统资源绕过强制存取控制进行非法通信的一种机制。特洛伊木马是通过一个合法的信息信道进行非法的通信，这些信道一般是用于交互进程通信的，如文件、交互进程或共享内存。虽然 MAC 机制能够防止利用这些信道非法通信，但是用户还可以利用计算机系统中本不是用作通信的信道进行通信，这些信道就是隐蔽信道。对于隐蔽信道，橘皮书中给出的定义是"允许进程以危害系统安全策略的方式传递信息的信道"。

隐蔽信道按照不同的分类标准划分为以下类型。

(1) 根据通信双方传递信息所用媒介的不同，可以把隐蔽信道分为存储隐蔽信道(covert storage channel)和时间隐蔽信道(covert timing channel)。存储隐蔽信道是指允许一个进程直接或间接地在一个存储位置写入信息，而另一个进程可以直接或间接地从这个存储位置读取信息。时间隐蔽信道是指允许一个进程通过调节自己对系统资源的使用向另一个进程发送信息，后者通过观察响应时间的改变而获得信息。两种信道最大的区别是：时间隐蔽信道需要一个计时基准，而存储隐蔽信道不需要。目前，已知的隐蔽信道绝大多数是存储信道，而二者的划分也不是绝对的，有些隐蔽信道具有二者的特征。

(2) 按照是否存在噪声，可以分为噪声隐蔽信道(noise covert channel)和无噪声隐蔽信道(noiseless covert channel)。在一个隐蔽信道中，如果信息发送者所发送的信息与接收者所接受的信息一致，那么这个隐蔽信道称为无噪声隐蔽信道，否则称为噪声隐蔽信道。

(3) 按照所涉及的同步变量或信息的个数，可分为聚集隐蔽信道(aggregated covert channel)和非聚集隐蔽信道(nonaggregated covert channel)。在一个隐蔽信道中，为实现数据通信，多个数据变量作为同步变量或信息，这样的隐蔽信道称为聚集隐蔽信道，反之则称为非聚集隐蔽信道。

隐蔽信道的发现是相当困难的。Kemmeter 在 1983 年总结了隐蔽信道的特征，给出了发现隐蔽信道存在的必要条件。

(1) 发送进程与接收进程都具有访问一个共享资源的权限；
(2) 发送进程可以修改一个共享资源的属性；
(3) 接收进程可以检测该共享资源属性的改变；
(4) 存在某种机制，能够启动发送进程与接收进程之间的通信，并正确调节通信事件的顺序。

对隐蔽信道的常见处理技术包括消除法、宽带限制法和威慑法等，这些内容超出了本书的范围，有兴趣的读者可以参考相关资料。

5. 安全审计

操作系统的审计机制就是对系统中有关安全的活动进行记录、检查以及审核，其主要目的是检测和发现非法用户对计算机系统的入侵，以及合法用户的误操作。

审计能为系统进行事故原因的查询、定位，事故发生前的预测、报警以及事故发生后的实时处理提供详细、可靠的依据，以便有违反系统安全规则的事件发生后能够有效地追查事件发生的地点和过程。通过审计，可以达到以下两个目标：一是可以对受损的系统提供信息帮助，以进行损失评估和系统恢复；二是可以详细记录与系统安全有关的行为，从而对这些行为进行分析，发现系统中的不安全因素。

审计记录应该以一种确保可信的方式存储，审计机制一般对系统定义了一个固定审计事件集，即必须审计事件的集合。在操作系统审计中，一般会记录以下事件：系统启动、用户登录、开始某个程序、结束某个程序、增加用户、改变用户口令以及安装新的磁盘驱动器等。

操作系统的审计记录一般应包括如下信息：事件的日期和时间、代表正在进行事件的主体的唯一标识符、事件的类型、事件的成功与失败等。对于标识与鉴别事件，审计记录应该记录下事件发生的源地点（如终端标识符）。对于将一个客体引入某个用户地址空间以及删除客体的事件，审计记录应该包括客体名以及客体的安全级。

审计一般是一个独立的过程，操作系统必须能够生成、维护以及保护审计过程，防止其被非法修改、访问和毁坏，特别是要保护审计数据，严格限制未经授权的用户访问。

此外，操作系统应该能够监督审计管理员，防止其权力过大。如，不允许审计管理员关闭审计记录功能并执行危险操作，不允许审计管理员篡改审计数据等。结合最小特权机制，可以通过角色权限分配来限制审计管理员的权限。

6. 内存存储保护

内存存储保护是操作系统中的重要保护机制，用来防止某个进程非法访问其他进程的内存，或防止用户进程非法操作系统内存。内存存储保护的主要手段有电子篱笆、基/界寄存器、标记架构、段式保护、页式保护和段页式保护等。

（1）电子篱笆。

内存保护的最简单的形式是单个用户系统中防止一个错误的用户程序破坏操作系统的固有部分。电子篱笆是预先规定的内存地址，它使得操作系统处在一边，用户处在另一边。一种实现方案是采用固定的篱笆，为操作系统保留固定的空间。另一种实现方案是使用硬件寄存器，与固定篱笆相比，篱笆的位置是可以修改的。

（2）基/界寄存器。

基寄存器也称篱笆寄存器，提供地址限制的下界（起始地址），界寄存器（bounds registers）提供地址限制的上界。每个程序的地址必须在基地址之上界地址内。

这种技术可以防止程序的地址被其他用户修改。当执行程序的主体从一个用户变为另一个用户时，操作系统必须改变基寄存器和界寄存器的内容，反映给用户真实的地址空间。这种转换称为上下文转换（context switch），当控制权从一个用户转换成另一个用户时，操作系统必须执行上下文转换。

（3）标记架构。

有时候可能只想保护某个数据而不是全部数据，例如，在个人资料中，可能要求保护薪水情况，而办公地点和电话不需要保护。此外，程序员可能希望保证一定数据值的完整性，例如，仅在程序初始化时允许这些数据被写而不允许以后再修改它们，这样能够避免程序自身代码的错误。

一个可行的方案是标记架构。在这个方案中，机器内的每个字都有一个或多个临时位来区分对该字的访问权限。这些临时位仅通过有特殊权限的（如操作系统）指令设置。每次指令访问时临时位都会被检测。

代码的兼容性给标记架构提出了一个难题，因为它要求对所有操作系统代码从根本上进行改变，所以代价是相当高的。

（4）段式保护。

段式保护即把程序分成单独几个部分。每个部分都有一个逻辑统一体，显示它所有的代码和数据值之间的关系。例如，一个片段可以是一个过程的代码、一个数组的数据或者用于特定模块的本地数据值集合的代码。分段可以产生与不限定数目的基/界寄存器相同的效果,换句话说,分段允许一个程序被分成许多访问权限不同的片段。每个片段都有一个唯一的名字。片段中的代码或数据条目可以表示为＜名字,偏移量＞,这里的名字是指包含数据条目的片段的名字,偏移量是指它在片段中的位置(即它与起始片段之间的距离)。

分段机制提供了以下安全措施:
① 检查每次地址引用;
② 不同等级的数据条目可以分配不同级别的保护;
③ 两个或更多的具有不同访问权限的用户可以共同访问一个片段;
④ 对一个未授权的片段,用户不能产生对应的地址,也不能对其进行访问。

(5) 页式保护。

内存被分成大小相等的单元称为页面,页的大小通常在512～4096字节之间。与段式保护相似,页式保护方案中的每个地址也用一个二元组＜页,偏移量＞表示。

从保护的角度来看,分页机制可能存在安全缺失,它和分段不同,分段是逻辑统一体,可以将整个段置为同一种保护权限,如只读或只执行,不同的段可以赋予不同的保护权限。而使用分页机制时,由于每页的条目没有必需的统一体,因此,不可能将页中的所有信息置为同一保护属性。

(6) 段页式保护。

分页可以提高执行效率,而分段可以提供逻辑保护。因为它们都有各自的缺点和优点,所以可以将它们结合起来使用。在这种情况下,可以将一个程序分成逻辑片段,每个片段又被分成固定大小的页。

7. 文件系统保护机制

文件系统是文件命名、存储和组织的总体结构,是计算机系统和网络的重要资源。文件系统的安全措施主要有以下几个方面。

(1) 分区。

分区是指将存储设备从逻辑上分为多个部分。一个硬盘可以被分为若干个不同的分区,每个分区可用作独立的用途,可以进行独立保护,例如,加密、设置不同的文件系统结构和安全访问权限等。

(2) 文件系统的安全加载。

在 UNIX 系统中,若想使用一个文件系统,必须遵循先加载后使用的原则。通过对文件系统的加载和卸载,可以在适当的时候隔离敏感的文件,起到保护作用。

(3) 文件共享安全。

操作系统在进行文件管理时,为了方便用户,提供了共享功能,但同时也带来了隐私如何保护等安全问题。多人共用一台计算机,很容易就可以打开并修改属于别人的私有文件。可以采用对文件加密的方法,保证加密文件只能被加密者打开,即使具有最高权限的计算机管理员也打不开他人加密的文件。有时将共享文件夹加上口令也不能保证安全,可以采用其他方法来保证共享文件夹的安全。例如,可以隐藏要共享的文件夹。

(4) 文件系统的数据备份。

系统运行中,经常会因为各种突发事件导致文件系统的损坏或数据丢失。为了将损失减到最小,需要系统管理员及时对文件系统中的数据进行备份。备份就是指把硬盘上的文件复制一份到外部存储载体上,常用的载体有磁盘、硬盘、光盘、U盘等。根据备份技术的不同,可以备份单个文件,也可以备份某个文件夹或者分区。

A.2 操作系统安全配置要点

一般操作系统都提供了相应的安全配置接口。安全配置具体内容主要有：制定操作系统安全策略、关闭不必要的服务、关闭不必要的端口、开启审核策略、开启口令策略、开启账户策略、备份敏感文件、禁止建立空连接和下载最新补丁等。

1. 制定操作系统安全策略

利用安全配置工具来配置系统安全策略。在 UNIX/Linux 系统下，用 Linuxconf 工具可以管理用户组的策略。在 Windows 系统中的"本地安全策略"中，可以配置四类安全策略：账号策略、本地策略、公钥策略和 IP 安全策略。在默认的情况下，这些策略都是没有开启的。

2. 关闭不必要的服务

为了方便远程管理服务器，很多终端服务默认都是开启的，这些服务往往给攻击者带来可乘之机。对于不必要的服务，建议及时关闭，留意服务器上开启的所有服务，并定期检查。防止某些恶意程序悄悄运行服务器上的终端服务，一旦发现恶意程序或者黑客启动的服务要及时关闭。

3. 关闭不必要的端口

一般远程入侵者都要通过一个有效的开放端口才能进入系统，这个端口可能是本来就打开的，也可能是入侵者通过某种方法打开的。因此，关闭一些不必要的端口有助于提高操作系统的安全性。默认状态下，操作系统会在计算机上打开许多服务端口，黑客常利用这些端口来实施入侵，因此，应该关闭一些流行病毒的后门端口（如 TCP 2531、2745、3127、6129 端口等）。

如果确认某个端口是不安全的，而且不是必须开放的，那么就可以把它关闭掉。要关闭这个端口，可以利用操作系统自带的进程管理器结束该端口对应的运行进程，如果怀疑有恶意程序在系统中执行，可以使用杀毒软件清除系统中的木马或病毒，也可以借助一些软件把恶意程序使用的端口关闭掉。

4. 开启审核策略

在默认的情况下，操作系统的审核策略都是没有开启的。如果开启了该策略，每当用户执行了指定的操作，审核日志就会记录一个审核项，来审核操作中的成功尝试和失败尝试。当有人执行如尝试用户口令、改变账户策略、访问未授权文件等入侵时，都会被安全审核记录下来。

5. 开启口令策略

口令策略是关于口令或用户账户的属性强制执行的一个策略。本地安全设置中的密码策略在默认的情况下都是没有开启的。口令策略主要涉及：复杂性要求、长度最小值、最长存留期、强制密码历史等。

下面是口令设置的一般性原则。

(1) 严禁使用空口令和与用户名相同的口令；

(2) 不要选择可以在任何字典或语言中能够找到的口令；

(3) 不要选择简单字母组成的口令；

（4）不要选择任何和个人信息有关的口令；

（5）不要选择短于6个字符或仅包含字母或数字的口令；

（6）不要选择作为口令范例公布的口令；

（7）采取数字混合并且易于记忆的口令。

6. 开启账户策略

开启账户策略是在域级别上实现的。对于域账户，每个域只能有一个账户策略。必须在默认域策略或链接到域根的新策略中定义账户策略，并且账户策略优先级要高于组成该域的域控制器（Domain Controller，DC）强制实施的默认域策略。DC总是从域的根目录中获取账户策略。常用的账户策略有：复位账户锁定计数器、账户锁定时间和账户锁定阈值。

7. 备份敏感文件

为了防止系统因各种攻击而造成的数据丢失，需要定期备份敏感或重要文件。虽然服务器的硬盘容量都很大，但还是应该考虑把一些重要的用户数据副本存放在另外一个安全的服务器中，并且经常进行备份。

8. 禁止建立空连接

攻击者通过网络请求，建立空连接可以获取主机的用户列表，攻击者能利用用户列表进行暴力破解，因此要禁止建立空连接。

9. 下载最新补丁

操作系统同其他软件一样，可能在使用过程中会出现这样或那样的漏洞。系统管理员应该经常关注漏洞情况，及时下载和安装漏洞补丁，以增强操作系统的安全性。一般操作系统厂商都会提供免费的漏洞补丁和安全服务。

Windows 系统安全机制

Windows系列操作系统是目前使用用户最多的桌面操作系统。Windows从早期的DOS发展而来，现在常用的版本包括Windows XP、Windows 7和Windows 8。自Windows 2000以来，微软一直关注操作系统的安全设计和配置，逐步改善其安全架构，提供了多种安全机制。

1983年开始微软就想要为 MS-DOS 建构一个图形化的操作系统应用程序，称为Windows（有人说这是比尔·盖茨被苹果的Lisa电脑上市所刺激）。一开始Windows并不是一个操作系统，只是一个应用程序，其背景还是纯 MS-DOS 系统，这是因为当时的BIOS设计以及 MS-DOS 的架构不甚良好之故。在1990年代初，微软与IBM的合作破裂，微软从OS/2（早期为命令行模式，后来成为一个很技术优秀但是曲高和寡的图形化操作系统）项目中抽身，并且在1993年7月27日推出Windows 3.1，一个以OS/2为基础的图形化操作系统。并在1995年8月15日推出Windows 95。直到这时，Windows系统依然是创建在 MS-DOS 的基础上，因此消费者莫不期待微软在2000年所推出的Windows 2000上，因为它才算是第一个脱离 MS-DOS 基础的图形化操作系统。底下的表格为Windows NT系统的架构：在硬件层次结构之上，有一个由微内核直接接触的硬件抽象层（HAL），而不同的驱动程序以模块的形式挂载在内核上运行。因此微内核可以使用诸如输入输出、文件系统、网络、信息安全机制与虚拟内存等功能。而系统服务层提供所有统一规格的函数调用库，可以统一所有副系统的实现方法。例如尽管POSIX与OS/2对于同一件服务的名称与调用方法差异甚大，它们一样可以无碍地实现于系统服务层上。在系统服务层之上的副系统，全都是用户态，因此可以避免用户程序运行非法行动。

简化版本的 Windows NT 抽象架构					
用户模式	OS/2 应用程序	Win32 应用程序	DOS 程序	Win16 应用程序	POSIX 应用程序
		其他 DLL 库	DOS 系统	Windows 模拟系统	
	OS/2 副系统	Win32 副系统			POSIX.1 副系统
内核模式	系统服务层				
	输入输出管理文件系统、网络系统	对象管理系统/安全管理系统/进程管理/对象间通信管理/进程间通信管理/虚拟内存管理 微内核			视窗管理程序
	驱动程序	硬件抽象层(HAL)			图形驱动

DOS 副系统将每个 DOS 程序当成一进程运行,并以个别独立的 MS-DOS 虚拟机承载其运行环境。另外一个是 Windows 3.1 模拟系统,实际上是在 Win32 副系统下运行 Win16 程序。因此达到了安全掌控为 MS-DOS 与早期 Windows 系统所撰写之旧版程序的能力。然而此架构只在 Intel 80386 处理器及后继机型上实现。且某些会直接读取硬件的程序,例如大部分的 Win16 游戏,就无法套用这套系统,因此很多早期游戏便无法在 Windows NT 上运行。Windows NT 有 3.1、3.5、3.51 与 4.0 版。Windows 2000 是 Windows NT 的改进系列(事实上是 Windows NT 5.0)、Windows XP(Windows NT 5.1)以及 Windows Server 2003(Windows NT 5.2)与 Windows Vista(Windows NT 6.0)也都是立基于 Windows NT 的架构上。

A.3 标识与鉴别

1. 安全主体类型

Windows 中的安全主体类型主要包括用户账户、组账户、计算机和服务。

(1) 用户账户。

在 Windows 中一般有两种用户:本地用户和域用户。前者是在安全账户管理器(Security Accounts Manager,SAM)数据库中创建的,每台基于 Windows 的计算机都有一个本地 SAM,包含该计算机上的所有用户。后者是在 DC 上创建的,并且只能在域中的计算机上使用,域账户有着更为丰富的内容,包含在 Active Directory 数据库中。

DC 中也包含本地 SAM,但其账户只能在目录服务恢复模式下使用。一般来说,本地安全账户管理中存储两种用户账户:管理员账户和来宾账户,其中后者默认是禁用的。

在 Windows Server 2008 系统中,管理员账户默认是启用的,而且第一次登录计算机时必须使用该账户。在 Windows Vista 系统中,管理员账户默认是禁用的,仅在特殊的情况下可以启用。

(2) 组账户。

除用户账户外,Windows 还提供组账户。在 Windows 系统中,具有相似工作或有相似资源要求的用户可以组成一个工作组(也称为用户组)。将对资源的存取权限许可分配给一工作组,就是同时分配给该组中的所有成员,从而可以简化管理维护工作。

(3) 计算机。

计算机实际上是另外一种类型的用户。在活动目录的结构中,计算机层是由用户层派生出来的,它具备用户的大多数特性。因此,计算机也被看做主体。

(4) 服务。

近年来,微软试图分解服务的特权,但在同一用户下的不同服务还是存在权限滥用的问题。为此,在 Windows Vista 系统和 Windows Server 2008 系统中,服务成为了主体,每个服务都有一个应用权限。

2. 安全标识符

安全标识符(Security Identifier,SID)是标识用户、组和计算机账户的唯一编码,在操作系统内部使用。SID 的创建者和作用范围依赖于账户类型。用户账户由本地安全授权机构(Local Security Authority,LSA)生成在该系统内唯一的 SID。域账户由域安全授权机构来产生 SID。活动目录把域账户 SID 当做该 SID 所标识的用户或组的一个对象属性来存储,而域账户 SID 在域内是唯一的。当授予用户、组、服务或者其他安全主体访问对象的权限时,操作系统会把 SID 和权限写入对象的 ACL 中。

(1) 安全标识符的组成。

SID 的组成包括:大写字母 S、修订级别、颁发机构、第一个颁发子机构、其余颁发机构和相对标识符等。SID 带有前缀 S,表明它是一个安全的标识符,末尾是一个相对标识符(Relative Identifier,RID),中间是标识符的子颁发机构(0 个或几个)。SID 的第二位是修订版本编号,通常为 1。

为了进一步了解 SID,请参考下面的例子:

S-1-5-21-1534169461-1651380828-111620651-500

该 SID 以 S-1-5 开始,表明是由 Windows NT 颁发的。第一个颁发子机构是 21,表明是 Windows NT 的 SID。在发布它的域中是唯一的,但是在别的计算机中也可能存在和其完全一样的 SID。

上例中的 SID 有 3 个子颁发机构 1534169462、1651380828 和 111620651,这些数字本身并没有什么特殊的含义,但是放到一起就可以表示发布 SID 的域或者计算机。实际上,域的 SID 是 S-1-5-21-1534169461-1651380828-111620651,所有该域发布的 SID 都是以这个值开头。例子中的 SID 是以 500 结尾,表示内置管理员账户的 RID。其他常见 RID 包括:501 表示内置来宾账户、502 则代表 Kerberos 认证体制中的 TGT。

(2) 服务安全标识。

在 Windows Vista 系统和 Windows Server 2008 系统中,服务也有 SID,一般以 S-1-5-80开头,以基于服务名的子颁发机构序号结尾。这意味着某个给定的服务在所有的计算机上使用的 SID 都是一样的,并且用户可以检索任意服务的 SID。例如,查看服务"foo"所使用的 SID,可以使用"sc showsid"命令。

(3) 内置安全标识符。

Windows 安全模型包含许多内置 SID,在所有计算机中是一样的。少数内置 SID 在使用此类安全模型的操作系统上也是完全一样的,这些 SID 是以 S-1-1,S-1-2 或是 S-1-3开头。

3. 身份鉴别

要使用户和系统之间建立联系,本地用户必须请求本地登录,进行身份鉴别,远程用户必须请求远程登录并进行身份验证。本地登录的过程较为简单,就是通过安全通道将用户类型带入明文与明文证书进行对比。远程登录较为复杂,在 Windows 发展中先后经历了 SMB 鉴别协议、LM 鉴别机制、NTLM 鉴别机制、Kerberos 鉴别体系等阶段。

早期的 SMB 鉴别协议在网络上传输的是明文口令,很容易被网络窃听者捕获。因此出现了 LM(LAN Manager Challenge/Response)鉴别机制,但 LM 比较简单,很容易被破解。接着微软提出了 NTLM(Windows NT 挑战/响应验证机制),它是依照挑战-响应协议原理,在不泄漏明文口令的前提下证明客户机确实拥有正确的口令,目前常用版本是 NTLM v2。

Kerberos 鉴别协议是美国麻省理工学院为 Athena 工程而设计的,它为分布式计算环境提供了一种对用户双方进行身份验证的方法。Kerberos 增强了企业范围网络身份验证的安全性,该协议的最新版本是 Kerberos v5,已经被 IETF 在 RFC1510 中所采纳。

Windows 中的认证也会用到智能卡,此时需要用到 X.509 证书,该证书包含被 CA 签名的用户公钥等信息,存储在活动目录的用户对象中。同口令认证方式不同,采用智能卡进行认证时,用户把卡插入连接计算机的读写器中,输入卡的 PIN 码后,Windows 就可以使用卡中存储的私钥和证书来向 Windows DC 的 KDC 进行身份认证。认证完成后,KDC 将返回一个许可票据。

A.4 访问控制

访问控制是对用户或用户组访问本地或网络上的域资源进行授权的一种机制。在 Windows 2000 以后的版本中,访问控制是一种双重机制,它对用户的授权基于用户权限和对象许可。其中,用户权限是指对用户设置允许或拒绝该用户访问某个对象;对象许可是指分配给对象的权限,定义了用户可以对该对象进行操作的类型。如,假定某个用户有修改某个文件的权限,这是用户权限,对该文件设置了只读属性,这就是对象许可,它不允许用户修改该文件。

在 Windows 系统中,安全管理的基本单元就是安全对象。安全对象即具有访问权限的对象,包括文件、目录、注册表项、动态目录对象、内核对象(如事件、信号量和互斥)、服务、线程、进程、防火墙端口、Windows 工作站和桌面等,最常见的安全对象就是文件。在新技术文件系统(New Technology File System,NTFS)中,文件和目录都有一定的访问权限,权限并不存储在文件和目录中,而是存储在文件系统元数据中。

1. ACL

Windows 使用 ACL 来描述访问权限信息。ACL 可由管理员或对象所有者管理。例如,管理员可以给其他用户修改或者访问对象的权限,也可以收回用户不再需要的权限。

Windows 对每一安全对象保持一份 ACL。ACL 是对象安全描述符的基本组成部分,它包括有权访问对象的用户和组的 SID。ACL 由一些结构化的、存储着用户或组权限的组件构成,这些组件包括:

(1) 访问控制项(Access Control Entry,ACE):ACE 描述了与一个特定 SID 有关的访问权限,它包含了某个 SID 对于某个对象所拥有的权限和许可等信息。比如,如果对象是一个文件,而某用户有读取该文件的权限,相应的就会有一个 ACE 指示该用户拥有读取的权限。

(2) 访问掩码:访问掩码是用来表示用户或组权限的数值,每个访问掩码数值是一个 32 位的结构,其中每位都可以是 1 或者 0。如果是 1,表示允许;如果是 0,表示拒绝。访问掩码是 ACE 的组成部分。当用户提交访问请求时,活动目录使用访问掩码来标识用户权限。访问掩码决定了用户可以访问对象的级别。

2. 访问令牌

在鉴别通过后,Windows 系统会为用户创建一个访问令牌。访问令牌中存储着用户的 SID、组信息和分配给用户的权限。要验证用户对访问对象的许可,Windows 系统只要检查用户的访问令牌和对象的 ACL 就可以了,这些信息决定了用户所拥有的对被访问对象的有效许可。

3. 授权管理器

授权管理器(Authorization Manager,AZMAN)是 Windows Server 2008 系统中的一个工具,它可以用来实现第三方访问控制机制,作为系统访问机制的补充。开发者可以通过 AZMAN 实现基于角色的访问控制(RBAC)。

A.5 用户账户控制

由于历史原因,使用 Windows 的很多用户都直接以管理员权限运行系统,这对计算机安全构成很大隐患。从 Vista 开始,Windows 加强了对用户账户控制的管理,使用"用户账户控制"(User Account Control,UAC)模块来管理和限制用户权限。UAC 体现了最小特权原则,即在执行任务时使用尽可能少的特权。

UAC 允许用户验证系统行为,从而阻止未经认证的计算机系统的变动。当用户以管理员身份登录到 Windows Vista 和 Windows Server 2008 时,会得到两个访问令牌:一个是完全访问令牌;另一个是标准受限访问令牌。

标准受限访问令牌对受限进程没有管理特权,并且禁用管理员组 SID,主要用于启动 Windows 资源管理器和所有子进程。所有应用程序默认是以标准受限令牌运行的,除非管理员授予其权限,否则不能以完全访问令牌运行。由于应用程序将继承父进程的特权级别,如果父进程以完全访问令牌运行,那么子进程也会继承其特权级别。

A.6 安全审计

安全审计是整体安全策略的一部分。通过对系统和用户进行充分和适当的审计，就能够在发生安全事故之后发现事故的原因，并提供相应的证据。

自 Windows NT 以后，由于对审核策略缺乏合理控制，使得所得到的审计记录信息不能满足管理员的要求。在 Windows Server 2008 系统中，审计系统有了很大改进，使用起来也更加方便。审计策略的扩充使用户可以更加方便地选择要查看的事件。审计事件记录格式和内容也有所变化，用户更容易从安全日志中了解事件。

Windows 审计子系统与安全决策组件、事件日志服务联合工作，以可靠的方式生成安全事件日志。安全决策组件通常被称做安全参考监控，制定了安全决策后，若有其他有关安全的活动发生，监视器就会通知审计子系统，并将活动的细节传给系统，审计系统将这些细节格式化为事件日志。

在 Windows Vista 和 Windows Server 2008 中，审计策略是分层的，这是审计策略的重要变化。所有安全事件都属于一个审计策略子类别。当启用了某子类别的审计策略后，也就启用了所有属于该子类别的事件。

Windows 操作系统同大多数操作系统一样，通过使用自己的文件系统(NTFS)，提供文件保护机制。Windows 2000 以上的操作系统都建议使用 NTFS 文件系统，它具有更好的安全性与稳定性。

1. NTFS 的权限控制

NTFS 权限控制可以实现较高的安全性，通过给用户赋予 NTFS 权限可以有效地控制用户对文件和文件夹的访问。NTFS 4.0 和 NTFS 5.0 之间有很多相似之处，也有很多不同。

NTFS 分区上的每一个文件和文件夹都有一个列表，称为 ACL，该列表记录了每一个用户和用户组对该资源的访问权限。

NTFS 可以针对所有的文件、文件夹、注册表键值、打印机和动态目录对象进行权限设置。NTFS 首先出现在 Windows NT 中，Windows 2000 以后的各版操作系统都使用 NTFS 5.0。

NTFS 4.0 的许可中包括的内容有完全控制、修改、读并且执行、读和写，这些称为普通权限，在 NTFS 5.0 中，普通权限进行了加强，称之为特殊权限。

2. 加密文件系统

加密文件系统(Encrypting File System，EFS)是 Windows 2000 以后各版操作系统的一个组件。EFS 采用高级的标准加密算法实现透明的文件加密和解密，任何没有正确密钥的个人或者程序都不能读取加密数据。

EFS 以公钥加密为基础，使用了 Windows 系统中的 CryptoAPI 架构。每个文件都使用随机生成的文件加密密钥进行加密，此密钥独立于用户的公/私钥对。文件加密可以使用任何对称加密算法。

EFS 能对存储在 NTFS 分区中的文件进行加密，具有如下特性：

(1) 加密过程透明，不要求对用户的每次使用都进行加、解密；

(2) 加密密钥的列表文件被"恢复代理"的公共密钥再次加密，可以有许多恢复代理，每一个恢复代理都有不同的公共密钥；

(3) 可以保护临时文件和页面文件；

(4) 文件加密密钥驻留在操作系统的内核中，并且保存在非分页内存中，保证了密钥绝不会被复制到页面文件中，因而不会被非法访问。

A.7　Windows XP 安全设置参考

1. 账户安全设置

管理员账户拥有最高的系统权限，一旦该账户被人利用，后果不堪设想。黑客入侵的常用手段之一就是试图获得管理员账户的口令，因此一种安全设置方法是将系统默认管理员 Administrator 改名，改成只有自己知道的名字。设置较高强度的口令。

对系统中的账户进行整理，禁用 Guest 账户和日常不使用的账号。

Windows XP 中账户设置方法为在桌面右键单击"我的电脑"图标，并依次选择："管理"→"本地用户和组"→"用户"。

在管理启用/禁用账户的同时，也可以对各个账户设置口令策略。一种可供参考的口令策略为：

(1) 至少 8 个字符；

(2) 所包含的元素至少来自下列 4 个字符集中的 3 种：大写字符、小写字符、数字以及非字母数字字符，其中非字母数字字符可以通过按＜Alt＞键后在数字小键盘上输入一个三位数字而得到；

(3) 不要包含用户姓名、用户名或任何常见词的任意部分；

(4) 一个月到两个月定期修改口令。

2. 用户权限指派

使用"经典视图"打开"控制面板"，然后依次单击："管理工具"→"本地安全策略"→"本地策略"→"用户权限指派"。

即可进入"用户权限指派"管理界面，根据需要可以设置：

(1) 从网络访问此计算机，如果不需要可以把除 Administrators 外其他账户全部删除；

(2) 从远程系统强制关机，删除全部账户；

(3) 拒绝从网络访问这台计算机，将 SUPPORTxxx 账户删除。

3. 禁止 ipc$ 空连接

在默认的情况下，任何用户都可以通过空连接连接到服务器上，枚举账户并猜测口令。因此，必须禁止建立空连接。

打开注册表"HKEY_LOCAL_MACHINE\SYSTEM\CurrentControlSet\Control\LSA"，将 DWORD 值"RestrictAnonymous"的键值改为"1"即可禁止 ipc$ 空连接。

4. 关闭常见入侵端口

(1) 关闭 139 端口。

ipc 和 RPC 漏洞通过 139 端口攻击。鼠标右键单击"网络邻居",选择"属性",然后右键单击"本地连接",选择"属性",选择"TCP/IP 协议/属性/高级",进入"高级 TCP/IP 设置"对话框,选择"WINS"标签,勾选"禁用 TCP/IP 上的 NETBIOS"一项,关闭 NETBIOS。

(2) 关闭 445 端口。

445 端口常用于局域网中文件夹和打印机共享,但也带来了各种风险。为了关闭 445 端口,可以打开注册表,找到 HKEY_LOCAL_MACHINE\NetBT\Parameters,在该项下选择建立一个 DWORD 类型键值,将该键名称设置为 SMBDeviceEnabled,数值设置为 0。

(3) 关闭 3389 端口。

在"我的电脑"上右键单击选"属性"→"远程",将里面的远程协助和远程桌面两个选项框里的勾去掉,并禁用 Telnet、Terminal Services 这两个危险服务。

(4) 关闭 135。

打开注册表操作如下。

① 将 HKEY_LOCAL_MACHINE\SOFTWARE\Microsoft\Ole 下 EnableDCOM 的值改为"N",以及打开 HKEY_LOCAL_MACHINE\SOFTWARE\Microsoft\Rpc 下 DCOM Protocols 键,在对应值中删除"ncacn_ip_tcp";

② 确认停用"Distributed Transaction Coordinator"服务。

5. 关闭默认共享

在命令窗口中输入命令,删除 C 盘默认共享:

net share C＄/del

其中,C 是 C 盘的意思。同样的方法可删除其他磁盘的默认共享。

也可以通过注册表关闭共享,打开注册表编辑器后,找到"HKEY_LOCAL_MACHINE\SYSTEM\CurrentControlSet\Services\lanmanserver\parameters"项,双击右侧窗口中的"AutoShareServer"项,将键值由 1 改为 0,这样就能关闭硬盘各分区的共享。如果没有 AutoShareServer 项,可新建一个再改键值为 0。然后还是在这一窗口下再找到"AutoShareWks"项,也把键值由 1 改为 0,关闭 admin＄共享。

6. 禁用不必要服务

以"经典视图"方式打开"控制面板",选择管理工具后,选择服务,设置关闭以下服务。

(1) Alerter——通知所选用户和计算机有关系统管理级警报;

(2) ClipBook——启用"剪贴簿查看器"储存信息并与远程计算机共享;

(3) Distributed Link Tracking Server——用于局域网更新连接信息;

(4) Indexing Service——提供本地或远程计算机上文件的索引内容和属性;

(5) Messenger——信使服务;

(6) NetMeeting Remote Desktop Sharing——允许授权用户通过 NetMeeting 在网络上互相访问;

(7) Network DDE——为在同一台计算机或不同计算机上运行的程序提供动态数据交换;

(8) Network DDE DSDM——管理动态数据交换(DDE)网络共享;

(9) Remote Desktop Help Session Manager——远程帮助服务;

(10) Remote Registry——远程计算机用户修改本地注册表;

(11) Routing and Remote Access——在局域网和广域网中提供路由服务;

(12) Server——支持此计算机通过网络的文件、打印和命名管道共享;

（13）TCP/IP NetBIOS Helper——提供对 TCP/IP 服务上的 NetBIOS 和网络上客户端的 NetBIOS 名称解析的支持，使用户能够共享文件、打印和登录到网络；

（14）Telnet——允许远程用户登录到此计算机并运行程序；

（15）Terminal Services——远程登录到本地电脑。

7. 本地安全策略设置

启用 Windows 的本地安全策略，依次打开："控制面板"→"管理工具"→"本地安全策略"→"本地策略"→"安全选项"，设置如下策略。

（1）交互式登录：无须按 Ctrl+Alt+Del，设置为已禁用；

（2）交互式登录：显示最后的用户名，设置为已启用；

（3）网络访问：不允许 SAM 账户的匿名枚举，设置为已启用；

（4）网络访问：可匿名访问的共享，将策略设置里的值删除；

（5）网络访问：可匿名访问的命名管道，将策略设置里的值删除；

（6）网络访问：可远程访问的注册表路径，将策略设置里的值删除；

（7）设备：将 CD-ROM 的访问权限仅限于本地登录的用户，设置为已启用。

8. 启用防火墙

启用 Windows 自带防火墙或安装第三方软件防火墙。启用 Windows 自带防火墙可参考如下两种方法。

（1）打开"控制面板"→"网络和 Internet 连接"→"Windows 防火墙"；

（2）在网络连接中单击要保护的拨号、LAN 或高速 Internet 连接，然后在"网络任务"→"更改该连接的设置"→"高级"→"Internet 连接防火墙"下，选择启用 Internet 连接防火墙。

9. 安装杀毒软件

在给系统打补丁和对防火墙设置的同时，也不能忽略安装杀毒软件，它将使你的系统更加坚固。建议用户经常更新杀毒软件的病毒库，以便查杀最新病毒。

Linux 系统安全机制

Linux 操作系统是 Linux Torvalds 以 UNIX 为基础设计实现的。因此，从架构到保护机制上很多地方和 UNIX 系统一致或相似。下图是简化版本的 Linux 架构图：

几乎完整的 Linux 架构图		
用户模式	应用程序(sh、vi、OpenOffice.org 等)	
	复杂库(KDE、glib 等)	
	简单库(opendbm、sin 等)	
	C 库(open、fopen、socket、exec、calloc 等)	
内核模式	系统中断、调用、错误等软硬件消息	
	内核(驱动程序、进程、网络、内存管理等)	
	硬件(处理器、内存、各种设备)	

Linux 可以配置桌面终端、文件服务器、打印服务器、Web 服务器等。还可以配置成一台网络上的路由器或防火墙。本节主要从标识与鉴别、访问控制、安全审计、文件系统、特权管理以及系统防火墙等方面介绍 Linux 安全机制。

A.8 标识与鉴别

和其他操作系统一样，Linux 也有一些基本的程序和机制来标识和鉴别用户，只允许合法的用户登录到计算机并访问资源。

1. 用户账户和用户组

Linux 使用用户标识号(User ID,UID)来标识和区别不同的用户。UID 是一个数值，是 UNIX/Linux 系统中唯一的用户标识，在系统内部管理进程和保护文件时使用 UID 字段。在 UNIX/Linux 系统中，注册名和 UID 都可以用于标识用户，只不过对于系统来说 UID 更为重要；而对于用户来说注册名使用起来更方便。在某些特定情况，系统中可以存在多个拥有不同注册名、但 UID 相同的用户，事实上，这些使用不同注册名的用户实际上是同一个用户。

用户组使用组标识号(Group ID,GID)来标识，具有相似属性的多个用户可以分配到同一个组内，每个组都有自己的组名，以自己的 GID 来区分。在 Linux 系统中，每个组可以包括多个用户，每个用户可以同时属于多个组。除了在 passwd 文件中指定每个用户归属的基本组之外，还在/etc/group 文件中指明一个组所包含的用户。

2. 用户账户文件

/etc/passwd 文件是 UNIX/Linux 安全的关键文件之一。该文件用于用户登录时校验用户的登录名、加密的口令数据项、用户 ID(UID)、默认的用户分组 ID(GID)、用户信息、用户登录目录以及登录后使用的 shell 程序。这个文件的每一行保存一个用户的资料，而用户资料的每一个数据项采用冒号分隔，格式如下所示。

注册名：口令：用户标识号：组标识号：用户名：用户主目录：命令解释程序 shell

对该数据项各字段的解释如下。

(1) 注册名(login_name)指用户的名称，主要由方便用户记忆或者具有一定含义的字符串组成。在很多 Linux 系统上，该字段被限制在 8 个字符（字母或数字）的长度之内。UNIX/Linux 系统对字母大小写敏感，这与 DOS/Windows 不一样。注册名主要为用户交互使用，便于用户识别，在同一系统中注册名一般要求是唯一的，即不能存在两个一样的注册名。

(2) 口令(passwd)用来验证用户的合法性。所有用户口令都是加密存放的，通常采用不可逆的加密算法，例如 MD5。当用户在登录提示符处输入口令时，输入的口令将由系统进行加密，再把加密后的数据与机器中用户的口令数据项进行比较。如果这两个加密数据匹配，就可以让用户进入系统。此外，需要注意的是，如果 passwd 字段中的第一个字符是"＊"，就表示该账户被禁用，系统不允许持有该账户的用户登录。

(3) 用户标识号(UID)是系统中用户的唯一标识，主要用于系统内部管理使用。

(4) 组标识号(GID)在这里表示当前用户的缺省工作组标识。

(5) 用户名(user_name)存放用户名称的详细信息，如真实姓名和全名，也可以存放用户的办公室地址、联系电话等信息。在 Linux 系统中，mail 和 finger 等程序利用这些信息来标识系统的用户。

(6) 用户主目录(home_directory)定义了个人用户的主目录,当用户登录后,他的 shell 程序将把该目录作为用户的工作目录。在 UNIX/Linux 系统中,超级用户 root 的工作目录为/root,其他个人用户在/home 目录下设置各自独立的工作目录和环境,个人用户的文件一般放置在各自的主目录下。

(7) 命令解释程序(shell)是当用户登录系统时运行的程序名称,通常是一个 shell 程序的全路径名,如/bin/bash。为了阻止一个特定用户登录系统,可用/dev/null 作为其 shell。

UNIX/Linux 使用不可逆的加密算法来加密口令,由于加密算法是不可逆的,所以黑客从密文是得不到明文的。但/etc/passwd 文件是全局可读的,加密的算法是公开的,恶意用户取得了/etc/passwd 文件,便极有可能破解口令。而且,在计算机性能日益提高的今天,对账户文件进行字典攻击的成功率会越来越高,速度越来越快。因此,针对这种安全问题,UNIX/Linux 广泛采用了"shadow(影子)文件"机制,将加密的口令转移到/etc/shadow 文件里,只有 root 超级用户可以读该文件,/etc/passwd 文件的密文域显示为一个 x,最大限度地减少了密文泄漏的可能性。

3. 身份鉴别

Linux 常用的鉴别方式有：

(1) 基于口令的鉴别,这是最常用的一种技术。用户只要提供正确的用户名和口令就可以进入系统。

(2) 客户终端鉴别,Linux 系统提供了一个从远程登录的终端鉴别模式。

(3) 主机信任机制,Linux 系统提供一种不同主机之间相互信任的机制,不同主机用户之间无须系统认证就可以登录。

(4) 第三方认证,第三方认证是指非 Linux 系统自身带有的认证机制,而是由第三方提供的认证。在 Linux 中,系统支持第三方认证,例如,一次一密口令认证 S/Key、Kerberos 认证系统、可插拔认证模块(Pluggable Authentication Modules,PAM)。

PAM 是 Linux 中一种常用的认证鉴别机制。PAM 采用模块化设计和插件功能,可以很容易地插入新的鉴别模块或替换原先的组件,而不必对应用程序做任何的修改,使软件的定制、维持和升级更加轻松。由于鉴别机制与应用程序之间相对独立,应用程序可以通过 PAM API 方便地使用 PAM 提供的各种鉴别功能,而不必了解太多的底层细节。

PAM 的易用性较强,主要表现在它对上层屏蔽了鉴别的具体细节,所以用户不必了解各种鉴别方式,也不必记住多个口令。它还解决了多鉴别机制的集成问题,所以单个程序可以轻易集成多种鉴别机制,用户可以用同一个口令登录而感觉不到采取了不同的鉴别方法。

A.9 访问控制

在 Linux 文件系统中,控制文件和目录的信息存储在磁盘及其他辅助存储介质上。它控制每个用户访问何种信息及如何访问,具体表现为通过一组访问控制规则来确定一个主体是否可以访问一个指定客体。

Linux 系统中的每一个文件都有一个文件属主(或称为所有者),表示该文件是由谁创建的。同时,该文件还有一个文件所属组,一般为文件所有者所属的组。

Linux 操作系统中的用户可以分为三类:文件属主、文件所属组的用户以及其他用户。文件的访问权限是在文件的属性上分别对这三类用户设置读、写和执行文件的权限。因此,文件的访问权限属性通过 9 个字符来表示,前 3 个分别表示文件属主对文件的读、写和执行权限,中间 3 个字符表示文件所属组用户对该文件的读、写和执行权限,最后 3 个字符表示其他用户对文件的读、写和执行权限。如,某文件的权限属性为 rwxr-xr-x,则表示该文件的属主用户具有读、写以及执行的权限,而文件所属组用户和其他用户只具有读取文件和执行的权限,不可以对该文件执行写或修改的动作。

为操作方便,Linux 同时使用数字表示法对文件权限进行描述,这种方法将每类用户的权限看做一个 3 位的二进制数值,具有权限的位置使用 1 表示,没有权限的位置使用 0 表示,如图 A-2 所示。

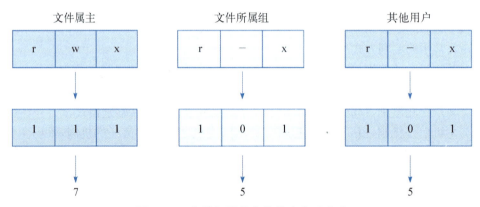

图 A-2 文件权限信息的数字表示方法

按照这种表示方法,上面的 rwxr-xr-x 使用数字 755 表示。

Linux 系统中文件的属性还包括 SUID、SGID 以及 sticky 属性,用来表示文件的一些特殊性质,这些属性描述如下。

(1) SUID:设置使用文件在执行阶段具有文件所有者的权限。如果一般用户执行 /usr/bin/passwd 文件,则在执行过程中,该文件可以获得 root 权限,从而可以更改用户的口令。设置 setuid 位的可执行文件在文件所有者权限字段中用 s 来显示。

(2) SGID:该权限设置在可执行文件上,文件在执行阶段具有文件所在组的权限。该权限设置在目录上,任何用户在此目录下创建的文件都具有和该目录所属的组相同的权限。

(3) sticky:可以理解为防删除属性。一个文件是否可以被某用户删除,主要取决于该文件所属的组是否对该用户具有写权限。如果没有写权限,则这个目录下的所有文件都不能被删除,同时也不能添加新的文件。如果希望用户能够添加文件但同时不能删除文件,则可以对文件使用 sticky 位。设置该位后,就算用户对目录具有写权限,也不能删除该文件。

SUID/SGID 属性是为了使用户完成一些普通用户权限不能完成的功能而设置的。如,每个用户都允许修改自己的口令,但是修改口令时又需要 root 权限,所以修改口令的程序需要以管理员权限来运行。因此,Linux 系统中的 passwd 文件就设置了 SUID 位,任何用户在执行 passwd 程序时就具有 root 的权限。在 Linux 系统中,查看 passwd 文件的属性显示如图 A-3 所示。

```
-r-s--x--x    1    root    root    10704    Apr    15    2002    /usr/bin/passwd
   ^SUID程序
```

图 A-3 /etc/passwd 文件的属性信息

A.10 安全审计

日志的主要功能是审计和监测，可以用于追踪入侵者。在 Linux 系统中，有四类主要的日志。

(1) 连接时间日志：由多个程序执行，把记录写入到/var/log/wtmp 和/var/run/utmp，login 程序更新 wtmp 和 utmp 文件，使系统管理员能够跟踪谁在何时登录到系统。

(2) 进程统计：由系统内核执行。当一个进程终止时，每个进程向进程统计文件（pacct 或 acct）中写一个记录。进程统计的目的是为系统中的基本服务提供命令使用统计。

(3) 错误日志：由 syslogd(8)守护程序执行。各种系统守护进程、用户程序和内核通过 syslogd(3)守护程序向文件/var/log/messages 报告值得注意的事件。许多 Linux 程序创建日志，像 HTTP 和 FTP 这样提供网络服务的服务器也保存详细的日志。

(4) 实用程序日志：许多程序通过维护日志来反映系统的安全状态。su 命令允许用户获得另一个用户的权限，所以它的安全很重要，它的日志文件为 sulog。同样重要的还有 sudolog。另外，诸如 Apache 等 HTTP 服务器都有两个日志：access_log（客户端访问日志）以及 error_log（服务出错日志）。FTP 服务的日志记录在 xferlog 文件中，Linux 中邮件传送服务（sendmail）的日志一般存放在 maillog 文件中。

上述 4 类日志中，常用的日志文件如表 A-1 所示。

表 A-1 Linux 系统中常用的日志文件

日志文件	说明
access-log	记录 HTTP/Web 的传输
acct/pacct	记录用户命令
boot.log	记录 Linux 系统开机自检过程显示的信息
lastlog	记录最近几次成功登录的事件和最后一次不成功的登录
messages	从 syslog 中记录信息（有的链接到 syslog 文件）
sudolog	记录使用 sudo 发出的命令
sulog	记录 su 命令的使用
syslog	从 syslog 中记录信息
utmp	记录当前登录的每个用户信息

(续表)

日志文件	说 明
wtmp	一个用户每次登录进入和退出时间的永久记录
xferlog	记录 FTP 会话信息
maillog	记录每一个发送到系统或从系统发出的电子邮件的活动。它可以用来查看用户使用哪个系统发送工具或把数据发送到哪个系统

A.11 文件系统

Linux 核心的两个主要组成部分是文件子系统与进程子系统。文件子系统控制用户文件数据的存取与检索。文件系统安全是 Linux 系统的核心。

1. 文件系统类型

随着 Linux 的不断发展，其所能支持的文件系统格式也在迅速扩充。特别是 Linux 2.6 内核正式推出后，出现了大量新的文件系统，其中包括 Ext4、Ext3、Ext2、ReiserFS、XFS、JFS 和其他文件系统。目前，Ext3 是 Linux 系统中较为常用的文件系统。

Ext2、Ext3 都是能自动修复的文件系统。Ext2 和 Ext3 文件系统在默认的情况下，每间隔 21 次挂载文件系统或每 180 天就要自动运行一次文件系统完整性检测任务。Ext3 文件系统是直接从 Ext2 文件系统发展而来的，相比 Ext2 系统，Ext3 文件系统具有日志功能，也非常稳定可靠，同时又兼容 Ext2 文件系统。Linux 从 2.6.28 版开始正式支持 Ext4。在很多方面，Ext4 一方面兼容 Ext3，同时又在大型文件支持、无限子目录支持、延迟取得空间、快速文件系统检查和可靠性方面有较大改进。

2. 文件和目录的安全

在 Linux 系统中，文件和目录的安全主要通过对每个文件和目录访问权限的设置来实现。关于这方面的内容，在前面的 Linux 系统的访问控制一节中已做了详细介绍。

3. 文件系统加密

eCryptfs 是一个兼容 POSIX 的商用级堆栈加密 Linux 文件系统，能提供一些高级密钥管理规则。eCryptfs 把加密元写在每个加密文件的头中，所以加密文件即使被复制到别的主机中也可以使用密钥解密。eCryptfs 已经是 Linux 2.6.19 以后内核的一部分。

4. NFS 安全

网络文件系统(Network File System，NFS)使得每个计算机节点都能够像使用本地资源一样方便地通过网络使用网上资源。正是由于这种独有的方便性，NFS 暴露出了一些安全问题，黑客可侵入服务器，篡改其中的共享资源，达到侵入、破坏他人机器的目的。所以，NFS 的安全问题在 Linux 操作系统中受到重视。

NFS 是通过 RPC(即远程过程调用)来实现的，远程计算机节点执行文件操作命令就像执行本地的操作命令一样，它可以完成创建文件、创建目录、删除文件、删除目录等文件操作命令。

由于 RPC 存在安全缺陷，黑客可以利用 IP 地址欺骗等手段攻击 NFS 服务器。所以，Linux 第一个安全措施就是启用防火墙，使得内部和外部的 RPC 无法正常的通信，这在一定程度上减少了安全漏洞。当然这样做的结果，也会使得两台机器不能正常进行 NFS 文件共享。

Linux 第二个安全措施是服务器的导出选项。这些选项很多，适合 NFS 服务器对 NFS 客户机进行安全限制。相关的导出选项包括：服务器读/写访问、UID 与 GID 挤压、端口安全、锁监控程序、部分挂接与子挂接等。

A.12 特权管理

从 Linux 内核 2.1 版开始，实现了基于权能的特权管理机制，主要包括：

（1）使用权能分割系统内所有特权；

（2）普通用户及其 shell 没有任何权能，而超级用户及其 shell 在系统启动之初就拥有全部的权能；

（3）在系统启动后，系统管理员可以剥夺超级用户的某些权能，并且该剥夺过程是不可逆的；

（4）进程可以放弃自己的某些权能；

（5）进程被创建时拥有的权能由它所代表的用户目前所具有的权能、父进程权能两者的"与"运算来确定；

（6）每个进程的权能被保存在进程控制块 cap_effective(32bit) 域中；

（7）当一个进程要进行某个特权操作时，操作系统通过对该进程的权能有效位进行检查，以确定是否允许操作；

（8）当普通用户的某些操作涉及特权操作时，仍然通过 setuid 实现。

A.13 Linux 安全设置参考

1. 磁盘分区

如果是新安装的系统，从安全的角度出发，对磁盘分区设置的建议如下：

（1）根目录(/)、用户目录(/home)、临时目录(/tmp)和/var 目录应分开到不同的磁盘分区；

（2）应充分考虑以上各目录所在分区的磁盘空间大小，避免因某些原因造成分区空间用完而导致系统崩溃；

(3) 对于/tmp 和/var 目录所在分区，大多数情况下不需要有 suid 属性的程序，所以应该为这些分区添加 nosuid 属性。

2. 账户安全设置

(1) 清除多余账户。

检查系统中现有账户，可执行命令：

♯cat /etc/passwd ♯cat /etc/shadow

查看账户、口令文件，与系统管理员确认不必要的账户。对于一些保留的系统伪账户如：bin、sys、adm、uucp、lp、nuucp、hpdb、www、daemon 等可根据需要锁定登录。锁定账户命令为：passwd-l<用户名>；而解锁账户命令为：passwd-u<用户名>。

(2) 禁用 root 之外的超级用户。

执行命令：

♯cat /etc/passwd

若用户 ID=0，则表示该用户拥有超级用户的权限。检查账户文件/etc/passwd 中用户ID，查看是否有多个 ID=0。

(3) 检查是否存在空口令账户。

检查系统中是否存在空口令账户，可执行命令：

♯awk -F: '($==="") { print $1 }' /etc/shadow

如果存在，则对其进行锁定或要求增加口令。值得注意的是，要确认空口令账户是否和应用关联，增加口令是否会引起应用无法连接的问题。

3. 禁用危险服务

与系统承载业务无关的服务可以禁用，检查方法为执行如下命令：

♯runlevel 查看当前 init 级别 ♯chkconfig --list 查看所有服务的状态

使用 runlevel 命令可以查看当前 init 级别，使用 chkconfig 命令可以查看所有服务的状态。如发现无用服务，可以执行命令"chkconfig--level<服务名>on|off|reset"来设置服务在某个 init 级别下是否开机启动。常用的服务设置建议如下：

(1) 关闭危险的网络服务，如 echo、chargen、shell、login、finger、NFS、RPC 等；

(2) 关闭非必需的网络服务，如 talk、ntalk、pop-2 等；

(3) 取消匿名 FTP 访问；

(4) 确保网络服务所使用版本为当前最新和最安全的版本。

4. 远程登录安全

(1) 使用 ssh 进行管理。

通过如下命令检查是否已经启动 ssh 服务：

♯ps -aef | grep sshd

如果没有启动，则使用如下命令开启 ssh 服务：

♯service sshd start

(2) 设置能够登录本机的 IP 地址。

打开 sshd_config 文件，修改允许远程登录本机的用户和主机地址。如允许用户 xyz 通过地址 192.168.1.23 来登录本机，则执行命令：

♯vi /etc/ssh/sshd_config

并在文件中添加(或修改)以下语句：

AllowUsers xyz@192.168.1.23

如使用以下语句：

AllowUsers *@192.168.*.*

则表示仅允许 192.168.0.0/16 网段的所有用户通过 ssh 访问。

值得注意的是，该项设置需要保存后重启 ssh 服务才有效，重启 ssh 服务的命令为：

♯service sshd restart

（3）禁止 root 用户远程登录。

执行如下命令：

♯cat /etc/ssh/sshd_config

查看 PermitRootLogin 是否为 no，如果不是，则将其修改为 no，并重启 ssh 服务。

（4）限定信任主机。

执行如下命令：

♯cat /etc/hosts.equiv ♯cat /$HOME/.rhosts

查看上述两个文件中的主机，删除其中不必要的主机，防止存在多余的信任主机。

（5）屏蔽登录 banner 信息。

执行如下命令检查是否存在 banner 字段：

♯vi /etc/ssh/sshd_config

如果存在，则将 banner 字段设置为 NONE。继续查看文件 motd：

♯vi /etc/motd

该处内容将作为 banner 信息显示给登录用户，可以查看该文件，删除其中的内容，或更新成自己想要添加的内容。

5. 用户鉴别安全

（1）设置账户登录失败锁定次数、锁定时间。

编辑文件/etc/pam.d/system-auth，查看有无 auth required pam_tally.so 条目的设置，并设置为需要的策略，如：

♯vi /etc/pam.d/system-auth

并设置：

auth required pam_tally.so onerr=fail deny=6 unlock_time=300

将设置密码连续错误 6 次锁定，锁定时间 300 秒。

（2）修改账户超时值，设置自动注销时间。

编辑文件/etc/profile，查看有无 TMOUT 的设置，并设置为需要的值，如，

♯vi /etc/profile

并设置：

TMOUT=600

则设置无操作 600 秒后自动退出。

（3）设置 bash 保留历史命令的条数。

查看执行如下命令：

♯cat /etc/profile|grep HISTSIZE= ♯cat /etc/profile|grep HISTFILESIZE=

查看保留历史命令的条数，可编辑该文件，设置 bash 保留历史命令条数，如修改 HISTSIZE=5 和 HISTFILESIZE=5 即保留最新执行的 5 条命令。

6. 审计策略

（1）配置系统日志策略配置文件。

运行如下命令检查 syslog 是否启用。

♯ps – aef | grep syslog ♯cat /etc/syslog.conf

查看 syslogd 的配置，并确认日志文件是否存在。系统默认的日志存储在/var/log/messages 目录中，cron 日志默认存储在/var/log/cron 目录中，安全日志默认存储在/var/log/secure 目录中。

（2）配置日志存储策略。

打开/etc/logrotate.d/syslog 文件，检查其对日志存储空间的大小和时间的设置。如，以下设置日志文件保存个数为 4，当第 5 个产生后，删除最早的日志，每个日志文件大小为 100k。

/var/log/syslog/ * _log ｛ missingok notifempty size 100k ♯ log files will be rotated when they grow bigger that 100k. rotate 5 ♯ will keep the logs for 5 weeks. compress ♯ log files will be compressed. sharedscripts postrotate   /etc/init.d/syslog condrestart ＞/dev/null 2＞1 || true   endscript ｝

7. 保护 root 账户

设置如下：

（1）除非必要，避免以超级用户登录；

（2）严格限制 root 只能在某一个终端登录，远程用户可以使用/bin/su-l 来成为 root；

（3）不要随意把 root shell 留在终端上；

（4）若某人确实需要以 root 来运行命令，则考虑安装 sudo 这样的工具，它能使普通用户以 root 身份来运行个人命令并维护日志；

（5）不要把当前目录("./")和普通用户的 bin 目录放在 root 账户的环境变量 PATH 中；

（6）不以 root 运行其他用户或不熟悉的程序。

8. 使用网络防火墙

在 Linux 2.2 内核下使用 IPChains 实现了软件防火墙。自 Linux 2.4 内核以后，系统防火墙通过 netfilter 技术实现，并使用 Iptables 程序来管理、配置和运行。Iptables 已经内嵌到 Linux 系统中，它功能强大，建议设置 Linux 开机后自动启动该防火墙。

9. 文件权限操作命令

（1）查看文件权限。

如在 Linux 系统中对文件 mydata 执行 ls-mydata 命令，会列举出该文件的相关属性，其中第一个字段表示了文件的权限属性，如图 4-3 所示。

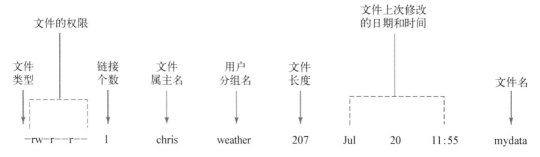

图 A-4 使用带-l 参数的 ls 命令列出的文件信息

图中，左面第一个字段是文件 mydata 的访问权限清单。空白权限使用短划线字符"-"来表示；读权限用字母"r"表示；写权限用字母"w"表示，而执行权限则用字母"x"表示。该字段中共有 10 个位置，第一个字符指出文件的类型。由于子目录也可以被看成是一种文件类型，如果第一个字符是一个短划线字符"-"，就表示列出的是一个普通文件；如果是一个字母"d"，则表示显示的是关于某个子目录的信息。

随后的 9 个字符根据不同的用户分类来排列。第一组 3 个字符是文件属主对该文件的权限集；第二组 3 个字符是用户所在分组对该文件的权限集；最后一组 3 个字符是其他用户对该文件的权限集。文件 mydata 的属主用户被分配给读写权限 rw-；同组成员类用户被分配给读权限 r--；其他用户类用户也只被分配给读权限 r--。这意味着该文件的属主对该文件具有读和写（或修改）的权限，所属组的用户和其他用户只具有读取文件的权限，所有用户都没有执行的权限。

(2) 改变文件权限。

Linux 系统中使用 Chmod 命令来对文件和目录的访问权限进行控制，该命令有两种表达方式：一种是包含字母和操作符表达式的文字设定法；另一种是包含数字的数字设定法。

① 文字设定法：文字设定法的一般使用形式为：chmod［who］［+｜-｜=］［mode］文件名。

其中，操作对象 who 可以是下述字母中的任一个或多个字母的组合。

❑ u 表示"用户(user)"，即文件或目录的所有者。
❑ g 表示"同组(group)用户"，即与文件属主有相同组 ID 的所有用户。
❑ o 表示"其他(others)用户"。
❑ a 表示"所有(all)用户"，为系统默认值。

操作符号可以是：

❑ "+"表示添加某个权限。
❑ "-"表示取消某个权限。
❑ "="表示赋予给定权限并取消其他所有权限。

设置 mode 所表示的权限可用下述字母的任意组合。

❑ r：可读。
❑ w：可写。
❑ x：可执行。只有目标文件对某些用户是可执行的或该目标文件是目录时才追加 x 属性。
❑ s：在文件执行时把进程的属主或组 ID 置为该文件的属主，"u+s"设置文件的用户 ID 位，"g+s"设置组 ID 位。
❑ t：将程序的文本保存到交换设备上。
❑ u：与文件属主拥有一样的权限。
❑ g：与文件属主同组的用户拥有一样的权限。
❑ o：与其他用户拥有一样的权限。

如果在一个命令行中可以给出多个权限方式，用逗号分隔开。

下面给出使用该设定法的例子。

例 1 设定文件 sort 的属性为：文件属主(u)增加执行权限，与文件属主同组用户(g)增加执行权限，其他用户(o)增加执行权限。

```
#chmod a+x sort
```

例2　设定文件 text 的属性为：文件属主(u)增加写权限，与文件属主同组用户(g)增加写权限，其他用户(o)删除执行权限。

```
#chmod ug+w, o-x text
```

例3　对可执行文件 sniffer 添加 s 权限，使得执行该文件的用户暂时具有该文件拥有者的权限。

```
#chmod u+s sniffer
```

在上述例子中，当其他用户执行 sniffer 这个程序时，他的身份将由这个程序而暂时变成该 sniffer 程序的拥有者，这就是 s 的功能。

② 数字设定法：数字设定法是与文字设定法功能等价的设定方法，只不过比文字设定法更加简便。数字表示的含义：0 表示没有权限，1 表示可执行权限，2 表示可写权限，4 表示可读权限，然后将其相加。所以数字属性的格式应为 3 个从 0 到 7 的八进制数，其顺序是(u)、(g)、(o)。其他内容与文字设定法基本一致。

如果想让某个文件的属主有"读/写"两种权限，需要设置为 4(可读)+2(可写)=6(读/写)。

数字设定法的一般形式为：chmod[mode]文件名。

下面给出使用该数字设定法的例子。

例1　设定文件 mm.txt 的属性为：文件属主(u)拥有读、写权限，与文件属主同组用户(g)拥有读权限，其他人(o)拥有读权限。

```
#chmod 644 mm.txt
```

例2　设定 fib.c 文件的属性为：文件属主(u)具有可读/可写/可执行权限，与文件属主同组用户具有(g)可读/可执行权，其他人(o)没有任何权限。

```
#chmod 750 fib.c  #ls -l      //使用 ls 查看执行结果 -rwxr-x--- 1 inin users 44137 Oct 12 9:18 fib.c
```

③ 更改文件所有权：该命令用来更改某个文件或目录的属主和属组。该命令的使用形式为：chown[选项]用户或组文件。

chown 的功能是将指定文件的拥有者改为指定的用户或组。用户可以是用户名或用户 ID。组可以是组名或组 ID。文件是以空格分开的要改变权限的文件列表，支持通配符。

该命令的参数选项中，"R"递归地改变指定目录及其下的所有子目录和文件的拥有者。

下面给出使用该命令的例子。

❑ 把文件 shiyan.c 的所有者改为 wang。

```
#chown wang shiyan.c
```

❑ 把目录 /his 及其所有文件和子目录的属主改成 wang，属组改成 users。

```
#chown -R wang.users /his
```

④ 特殊属性权限设置：前面讨论了通过文字设定和数字设定的方法来设定文件/目录的访问权限问题，下面介绍如何通过这两种方法操作文件特殊权限属性。

文字设定法。chmod u+s filename：为文件 filename 加上 setuid 标志 chmod g+s dirname：为文件 dirname 加上 setgid 标志 chmod o+t filename：为文件 filename 加上 sticky 标志

数字设定法。对一般文件通过三组八进制数字来设置标志，如 444、777、644 等。如果设

置这些特殊标志,则在这组数字之前外加一组八进制数字,如 4666、4777 等。这一组八进制数字三位的意义如下。

- setuid 位:如果该位为 1,显示为"s",则表示设置 setuid,其显示在原来的 x 标志位上。
- setgid 位:如果该位为 1,显示为"s",则表示设置 setgid,其显示在原来的 x 标志位上。
- sticky 位:如果该位为 1,显示为"t",则表示设置 sticky,其显示在原来的 x 标志位上。

设置完这些标志后,可以用 ls-l 命令来查看。如果有这些标志,则会在原来的执行标志位置上显示,如下所示。

r-srw-r--:表示有 setuid 标志 rwxrwsrw-:表示有 setgid 标志 rwsrwxrwt:表示有 sticky 标志

如果本来在该位上有 x,则这些特殊标志显示为小写字母(s,s,t)。否则,显示为大写字母(S,S,T)。

另外,虽然 setuid/setgid 机制非常方便实用,但是由于提升了执行者的权限,因而不可避免地存在许多安全隐患和风险。在实际的系统管理过程中,用户还经常需要找出设置了这些标志的文件,并对它们进行检查和清理。一般用户可以使用如下命令来寻找系统中具有特殊标志的文件。

♯find / - type f - perm - 4000 -print ♯find / -type f - perm - 2000 - print

安全操作系统。操作系统安全与安全操作系统的含义不尽相同。操作系统安全是指操作系统在基本功能的基础上增加了安全机制与措施,而安全操作系统是一种从开始设计时,就充分考虑到系统的安全性,并且一般满足较高级别的安全需求的操作系统。例如,根据可信计算机系统评估准则(Truested Computer System Evaluation Critria,TCSEC),通常称 B1 级以上的操作系统为安全操作系统。在发展历史上,安全操作系统也常称为"可信操作系统"(trusted OS)。一般而言,安全操作系统应该实现标识与鉴别、自主访问控制、强制访问控制、最小特权管理、可信通路、隐蔽通道分析处理及安全审计等多种安全机制。

A.14 安全操作系统研究概况

1965 年,美国贝尔实验室和麻省理工学院的 MAC 课题组等一起联合开发了一个被称为 Multics 的操作系统,由于受到当时计算机实际水平的限制,该项目在商业上失败了。但是,Multics 的安全设计为后期的操作系统的安全研究积累了宝贵的经验。1973 年,Bell 和 Lapadula 提出了 BLP 模型,该模型是第一个可证明的安全系统的数学模型,其安全目标是支持信息的保密性。接着,Biba 提出了 Biba 模型,其安全目标是支持信息的完整性。对这些数学模型的研究,对操作系统的安全架构设计起着重要的引导作用。

历史上第一个可以实际投入使用的安全操作系统是 Adept - 50,它运行于 IBM/360 平台,开发时间是 1969 年。安全模型提出之后,越来越多的安全操作系统项目相继启动,一系列安全操作系统被设计和开发出来,典型的有 Mitre 安全内核、UCLA Secure UNIX、KSOS 和 PSOS 等。

1986 年,IBM 以 SCO XeniX 为基础开发了 B2 级的 Seeure XeniX,它以 IBM PC/AT 为运行平台。1987 年,美国 Trusted Information SyStems 公司以 Mach 操作系统为基础开发了 B3 级的 TMach(TrustedMach)操作系统。除了进行用户标识和鉴别及命名客体的存取控制外,它将改进的 BLP 模型运用到对 Mach 核心的端口、存储对象等的管理当中。1989 年,加拿大多伦多大学开发了与 UNIX 兼容的 TUNIS 操作系统,它用 Turing Plus 语言(而不是 C)重新实现了 UNIX 内核。TUNIS 在实现中改进了 BLP 模型。

20 世纪 90 年代以来,面对计算机安全领域出现的新的要求,开始研发用于一般企业的可信操作系统。例如,为了确保银行在线系统的安全性,采用可信操作系统的金融机构逐渐增多。这一时期的主要产品有 Sum Microsystem 的 Trusted Solaris、HP 的 Virtual Vault 等。

近年来,基于开源操作系统的安全研究相对活跃。比如,基于 FreeBSD 的 TrustedBSD 项目,以美国国家安全局(NSA)为主开发的基于 Linux 的 SELinux。另外,法国政府也启动了基于 Linux 的安全操作系统的开发项目,为了对抗 SELinux,Novell 公司于 2006 年推出了 AppArmor。

在探索如何研制安全操作系统的同时,人们也在研究如何建立评价标准去衡量操作系统的安全性。其中,较为成熟的国际操作系统评估标准包括 TCSEC 和通用准则(Common Criteria,CC),我国主要的相关标准包括《计算机信息系统安全保护等级划分准则》(GB 17859—1999)、《信息技术安全技术信息安全性评估准则》(GB/T 18336—2001)、《操作系统安全技术要求》(GB/T 20272—2006)和《操作系统安全评估准则》(GB 20008—2005)等。

A.15 安全操作系统设计的原则

安全操作系统的设计必须遵循一些基本安全原则,主要包括:

(1) 最小特权原则:为使无意或恶意的攻击所造成的损失最低,对于系统中的每个用户和程序,必须按照"需要"原则,使其尽可能少地使用特权,即只给予用户完成任务或操作所需要的特权,拒绝给予超过其所需权限以外的任何特权;

(2) 经济性原则:保护系统的设计应小型化、简单、明确,同时应该经过完备测试或严格验证的;

(3) 开放性原则:保护机制应该是公开的,虽然保密系统安全机制会给渗透一个系统增加一定的难度,但是系统的安全性不应依赖于系统设计的保密性,而是要通过健全的安全机制来实现;

(4) 完整的访问控制机制:操作系统对每个访问,都必须进行合法性检查,防止非法存取;

(5) 基于"允许"的设计原则:操作系统应当标识什么资源是可存取的,而不应该标识什么资源是不可存取的；

（6）权限分离：系统的管理权限由多个用户承担，使入侵者不会拥有对系统全部资源的存取权限；

（7）避免信息流的隐蔽通道：可共享实体提供了信息流的隐蔽通道，系统应采取物理或逻辑分离的方法，以防止这种隐蔽通道；

（8）方便使用：系统应该为用户提供友好的用户接口。

A.16 SELinux 简介

安全增强 Linux(Security-Enhanced Linux，SELinux)是实现了强制访问控制(MAC)的一个安全操作系统。SELinux 主要由美国国家安全局开发，并于 2000 年 12 月以 GNU GPL 的形式开源发布。

对于目前可用的 Linux 安全模块来说，SELinux 功能最全面，而且测试最充分。SELinux 的主要功能如下。

（1）使用强制访问控制。强制访问控制对整个系统实施管理，只有安全管理员能对安全策略文件进行设定和变更。例如，在安全策略文件里设定 httpd_t 进程对 Web 网页文件只能读，不具有写的权限。这样即使 httpd_t 领域的权限被攻击者获得，他也不具备对 Web 网页篡改的能力。

（2）对进程授予最小权限。在 SELinux 中，各进程分配相应的领域，各资源(文件、设备、网络和接口等系统资源)分配相应的类型(打上标记)，逐一定义哪个领域怎样访问哪个类型。完全根据标记进行访问控制，不是根据路径名实施访问，从而对进程所访问的资源授予必要的最小权限。这样，就算在攻击者夺取某进程的情况下，也可以把损害控制在最低限度。

（3）控制和降低子进程的权限。当在某一领域内启动子进程时，该子进程以另外的领域进行动作，即新的进程不具有像父进程那样大的权限，这样，可以防止子进程提权。

（4）对用户授予最低的权限。在普通的 Linux 中，具有 root 权限的用户可对系统进行任意操作。在 SELinux 中，对包括 root 权限在内的全部用户按"角色"来指定任务，不在 sysadm_r 里，不能执行 sysadm_t 管理操作。

（5）日志审计。所有没经过授权、被拒绝的访问记录会保留在日志文件里，安全管理员可根据这些记录来判断是某些程序、进程等的安全策略没有配置好，还是发生了非法访问。

思考题

1. 操作系统中一般应具备哪些基本硬件安全机制和软件安全机制？
2. 请分析新版 Windows 操作系统中标识与鉴别、访问控制、安全审计及文件系统安全的主要功能。
3. Linux 操作系统与 Windows 操作系统的访问控制机制有哪些相同点？又有哪些不同之处？

附录 B 应用安全

阅读提示

应用安全是指应用系统的开发、部署以及运维等各个方面的安全性。由于应用系统的复杂性和多样性,应用系统的安全问题和安全防护方法也呈现出多样化的特点。本章在介绍常见应用安全威胁、安全防护要点的基础上,重点介绍了 Web 应用、典型互联网服务软件和办公软件的安全保护。

应用安全概述

就信息系统来讲,在应用层运行的就是应用系统,或称为应用程序。因此,所谓应用安全,简单地说,是保护应用系统、应用程序的安全。应用安全也是信息安全的一部分,主要内容包括应用程序运行安全和应用资源安全两方面。为了保障应用安全,需要加强应用系统在安全性方面的设计和配置,防止在运行过程中发生应用系统不稳定、不可靠和资源被非法访问、篡改等安全事件。

应用安全要求构建安全的应用软件,并在应用软件的需求、设计、编码、测试、运行以及废弃等全生命周期的每一个阶段加强安全防护。针对此类需求,扩展到包括操作系统、数据库等软件在内的所有软件的全生命周期安全开发管理,形成了软件安全开发的思想,并促进了相关技术的发展,具体内容请参阅本书第 10 章。本章主要内容包括应用安全的基本概念、安全防护要点,并重点介绍一些应用软件的常见安全问题和安全配置措施。

对应用资源安全防护来讲,应用安全的目标很明确:一是合法用户能够通过安全策略合法地访问业务资源;二是不让攻击者访问、篡改任何受保护的资源。因此,应用安全不仅仅强调开发安全的应用系统,同时也应该强调应用系统的安全部署和安全运维。安全部署主要指设计和部署应用系统的安全环境,如,应用系统部署的操作系统安全,应用系统的网络边界防护和应用系统的内部网络安全等;安全运维主要是指应用系统在运行维护过程中的安全保护,如应用系统安全状态监控、系统登录安全,以及系统应急响应处置等。

由于应用系统构建并依托于网络资源和系统资源之上,应用安全呈现出以下两个特点。

(1) 网络和操作系统存在的安全漏洞会给应用系统带来安全威胁。

攻击者可以通过网络和操作系统的漏洞入侵,直接访问应用系统和应用资源,从而造成威胁。如,攻击者可能通过操作系统漏洞获得对硬盘的访问权限,非授权地访问应用系统的重要数据文件和配置参数等资源。

(2) 应用软件的安全漏洞也会给应用系统带来严重的安全威胁。

常见的网络安全防护机制和操作系统安全防护机制对于应用安全防护有一定的促进作用,如防火墙可以屏蔽很多来自外部的攻击。应用系统自身的安全漏洞同样会给系统带来安全威胁,网络和操作系统的安全防护不能完全防止应用软件的安全漏洞被利用。攻击者可以通过利用这些漏洞很轻松地绕过网络和操作系统已有的安全防护措施。如,某应用系统在网络层面部署防火墙、在操作系统和应用层面部署用户鉴别机制,但是攻击者可能会利用应用中存在的 SQL 注入漏洞来入侵,并在没有任何用户权限的情况下直接访问应用系统的后台数据库。图 B-1 给出了一个示意图,攻击者利用应用系统的安全漏洞,通过正常的应用层信息访问通道,绕开多层防火墙、操作系统加固的安全措施,直接访问系统后台服务器资源。

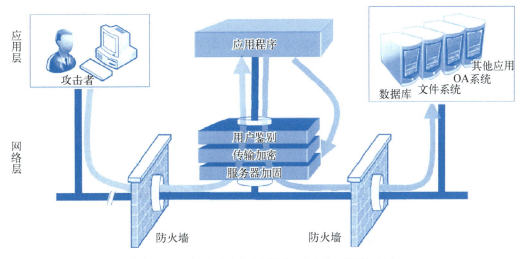

图 B-1 应用系统安全漏洞导致安全机制被绕过

B.1 常见应用安全威胁

由于应用系统的复杂性和多样性,应用系统的安全问题也呈现出多样化的特点,应用系统潜在的威胁很多,目前还没有统一的分类。本节分别从应用开发、应用部署、使用运行环境、攻击手段、攻击源点、数据保护和安全后果等角度出发,列举了一些应用系统的潜在威胁。

（1）从应用开发角度出发,常见的应用系统主要威胁包括缓冲区溢出、资源竞争、非最小特权执行、缺乏有效输入验证、资源管理不当等;

（2）从应用部署角度出发,常见的应用系统主要威胁包括配置错误、隔离防护失效、拒绝服务攻击、数据库管理简单等;

（3）从应用运行环境角度出发,常见的应用系统主要威胁包括病毒感染、蠕虫传播、间谍软件、恶意 Email 攻击、带宽滥用等;

（4）从对应用系统的攻击手段角度出发,常见的应用系统主要威胁包括缓冲区溢出、钓鱼攻击、远程渗透、伪造身份等;

（5）从对应用系统攻击源点角度出发,常见的应用系统主要威胁包括外部/非法用户攻击、内部/合法用户攻击等;

（6）从数据资源的保护角度出发,包括数据泄密、篡改、丢失、恢复失败、数据越权访问等;

（7）从安全后果角度出发,常见的应用系统主要威胁包括非法登录、越权访问、非法篡改、责任不明、拒绝服务攻击等。

由于应用系统的复杂性和多样性,上述安全威胁分类都不完善,且相互之间存在一定的交叉重叠,如应用部署和安全后果两类中都有"拒绝服务攻击"威胁。下面从安全后果的角度,介绍几种常见的安全威胁。

1. 非法登录

非法用户登录到应用系统,并能访问应用资源,这将对应用资源造成极大的威胁。一般地,应用系统为保护自己的资源,会对要登录的用户进行鉴别。但是,如果鉴别机制设计不够强壮或存在漏洞,就有可能被攻击者破解或绕开,从而发生非法登录的安全事件。如,很多应用系统采用基于用户名和口令的方法鉴别用户,这种机制很容易被攻击者通过监听网络数据或猜测口令的方式来获取系统的用户名和口令。

2. 越权访问

合法用户对系统中非权限范围内业务的处理和非权限范围内的信息的访问,可能造成机密信息或个人隐私信息的泄漏等。用户访问控制是操作系统和应用软件一个较常用的安全管理机制,它设定每个用户、每个组的访问权限。一般地,系统管理员有全部控制权限;外部登录用户,特别是匿名用户,只有相当有限的访问权限。如果用户非法提高自己的访问权限,就能访问本不能访问的资源。

3. 非法篡改

主要是指攻击者通过一定手段,对网络传输数据进行伪造篡改、对硬盘文件进行篡改、对运行代码进行读取篡改等。通过非法篡改,攻击者不仅可以获取一些机密和敏感的信息,而且可以通过进一步修改数据和代码,造成不可预计的损失。

4. 责任不明

应用系统越复杂,其设置的用户角色越多,应用功能子系统和子模块也越多,这些用户之间、子系统和子模块之间存在数据交互和协同运行的问题,如果没有很好的取证基础和抗抵赖机制,在出现诸如敏感信息泄漏,擅自扩大权限,越权访问信息或恶意篡改数据等问题时,这些用户、子系统、子模块之间容易出现相互推诿的现象,做过某些动作的用户、子系统和子模块可能会声称自己没有执行该动作,导致无法取证并追究事件的责任人,这将给信息系统带来极大隐患。

5. 拒绝服务攻击

拒绝服务攻击是一种常见的攻击形式,其目的是使目标应用系统无法提供正常的服务。严格地说,拒绝服务攻击并不是某一种具体的攻击方式,而是攻击所表现出来的结果,最终使得目标系统因遭受某种程度的破坏而不能继续提供正常的服务,甚至导致物理上的瘫痪或崩溃。DoS 的攻击方法多种多样,可以是单一的手段,也可以是多种方式的组合,其结果都是合法的用户无法访问所需信息。

6. 缓冲区溢出

应用系统通常作为和用户交互的界面,可以接收用户输入的数据。如果应用系统代码编写不完善,攻击者可以通过精心构造的非法输入数据,使应用系统出现缓冲溢出。典型情况是,应用系统没有检查输入数据的长度,将较长的数据存入到较短的缓冲区内。在这种情况下,攻击者可以将自己的命令嵌在输入数据的超出长度部分,然后用自己的命令代替了原来的应用代码在系统上执行。如果成功地执行,这些命令可能使攻击者获得较多的操作权限,甚至获得系统管理员的权限、完全接管系统控制。

7. 竞争状态

当多线程的应用系统同时访问特定的文件、变量或其他的程序数据时,如果开发人员没有正确的实现同步检查处理,就会发生竞争状态,导致系统死锁或资源访问错误。例如,在正确的数据写入变量前就读取该数据,就是典型的竞争状态错误。

8. 口令破解

应用系统中大多设置了用户登录账户和口令,由于使用复杂口令是件麻烦而又繁琐的事,大多数用户经常都设置容易记忆的口令,这使得口令破解更为简单,缩短了暴力破解的时间。互联网上各种口令破解软件传播速度很快,口令破解成为可能并逐渐盛行。应用系统中的口令一旦被破解,尤其是远程管理员口令,危害较为严重。

B.2 OSI 通信协议应用安全防护要点

在本书第 5 章简要描述了 OSI 安全架构(由国际标准 ISO 7498-2 和国内标准 GB/T9387.2—1995 给出),该架构围绕 ISO 的 OSI 7 层模型,定义了五类安全服务和八种安全机制,以保证异构计算机进程与进程之间交换信息的安全。

表 B-1 给出了 OSI 安全架构中在通信协议的各层中可以配置的安全服务对应关系,可以看出,在 OSI 的最高层,即应用层,可以配置所有的五大类十四小类安全服务。

表 B-1 OSI 通信协议各层安全服务配置对应表

安全服务	OSI 层次	物理层	链路层	网络层	传输层	会话层	表示层	应用层
鉴别服务	对等实体鉴别			√	√			√
	数据原发鉴别			√	√			√
访问控制服务	访问控制服务			√	√			√
数据保密性服务	连接机密性	√	√	√	√		√	√
	无连接机密性		√	√	√		√	√
	选择字段机密性						√	√
	通信数据流机密性	√		√				√
数据完整性服务	带恢复的连接完整性				√			√
	不带恢复连接完整性			√	√			√
	选择字段连接完整性							√
	无连接完整性			√	√			√
	选择字段无连接完整性							√
抗抵赖服务	数据原发证明抗抵赖							√
	有交付证明的抗抵赖							√

表 B-1 说明 OSI 安全架构要求信息系统在应用层提供全面的安全服务，用来确保通信双方的应用系统在防护和数据传送时具有足够的安全性。同时，根据 OSI 安全架构，应用层的安全服务应当单独或联合使用包括加密、数据签名、访问控制、数据完整性、鉴别交换、业务流填充、路由控制和公正等在内的八项安全机制。

B.3 等级保护规范应用安全防护要点

我国提出的信息安全等级保护有关标准规范中，规定了不同安全保护等级信息系统的基本保护要求。其中，对应用安全的防护细分为 11 个基本控制点，并提出相应的安全要求。这 11 个安全控制点的含义分别描述如下。

（1）身份鉴别：应用系统应对登录的用户进行身份鉴别，只有通过验证的用户才能在系统规定的权限内进行操作，这是防止非法入侵最基本的一种保护措施。

（2）安全标记：在应用系统层面对主体和客体进行标记，主体不能随意更改权限，增加了访问控制的强度，限制非法访问。等级保护要求系统具备为主体和客体设置安全标记的功能。

（3）访问控制：应用系统应设置访问控制能力，以保证应用系统被合法地使用。如设置安全策略，控制用户对文件、数据库表等客体的访问权限。在应用系统中应严格限制默认用户的访问权限，尤其是公共账号和测试账号。

（4）可信路径：在应用系统对用户进行身份鉴别，或用户通过应用系统对资源进行访问时，应能够建立起安全的信息传输路径。

（5）安全审计：应用系统应具备安全审计功能，保持对应用系统的运行情况以及系统用户行为的跟踪，以便事后追踪分析。

（6）剩余信息保护：应用系统应加强硬盘、内存或缓冲区中剩余信息的保护，防止存储在硬盘、内存或缓冲区中的信息被非授权的访问。

（7）通信完整性：应用系统应对通信数据的完整性进行保护，防止数据传输时被篡改，有必要采取密码技术来保证通信过程中的数据完整性，如哈希函数。

（8）通信保密性：应用系统应提供通信数据加密功能，防止发生意外的信息泄漏。该项要求强调对整个报文或会话过程进行加密，使用密码技术来保证这些信息的安全。

（9）抗抵赖：应用系统应采取一定的抗抵赖手段，防止通信双方否认数据所进行的交换。应具有在请求的情况下为数据原发者或接收者提供数据原发证据的功能。

（10）软件容错：应用系统可通过容错技术提高整个系统可靠性。通常在硬件配置上，可采用冗余备份的方法，以便在资源上保证系统的可靠性。在软件设计上，则主要考虑应用系统对错误、故障的检测、处理能力。

（11）资源控制：应用系统应具有对资源的控制措施，保证资源被合理有效的使用，以及防止系统资源被滥用而引发各种攻击。如，限制单个用户的多重并发会话、限制最大并发会话连接数、限制单个用户对系统资源的最大和最小使用限度等。

根据信息系统在国家安全、经济建设、社会生活中的重要程度,遭到破坏后对国家安全、社会秩序、公共利益以及公民、法人和其他组织的合法权益的危害程度等,将信息系统由低到高划分为五个级别,其中各个级别中对应用安全的防护要求不完全一样,分别是在前述的十一个安全控制点中选择不同控制点,并设置不同的安全要求。等级保护从一级到四级要求的安全控制点如下表所示。

表 B-2 应用安全层面控制点的逐级变化

控 制 点	一 级	二 级	三 级	四 级
身份鉴别	√	√	√	√
安全标记				√
访问控制	√	√	√	√
可信路径				√
安全审计		√	√	√
剩余信息保护			√	√
通信完整性	√	√	√	√
通信保密性		√	√	√
抗抵赖			√	√
软件容错	√	√	√	√
资源控制		√	√	√

表 B-2 中可以看出,在应用层的安全控制点从一级到四级逐渐增加。如,一级要求对应用进行基本的防护,而二级要求则增加了安全审计、通信保密性和资源控制,同时,加强了身份鉴别和访问控制,对鉴别的标识、信息等都提出了具体的要求,对访问控制的粒度进行了细化,对通信过程的完整性保护提出了特定的校验码技术,应用软件自身的安全性和容错能力要求进一步增强。

Web 应用安全

随着网络技术及其应用的快速发展,Web 作为网络应用的主要载体逐渐成为主流,广泛应用于各种业务系统中。所谓 Web 应用就是一种基于浏览器/服务器(Browser/Server,B/S)架构、通过 HTTP 协议提供服务,包括 Internet、Web 服务器、Web 浏览器、HTTP 等主要组件的应用系统。

由于 Web 应用程序功能性和交互性的不断增强,对应的 Web 漏洞和恶意攻击层出不穷,导致各种安全事件频频发生,给个人隐私安全、企业安全和社会稳定等造成了很严重的威胁。Web 应用安全已成为最广泛、危害性最大的安全问题,如何保证 Web 应用的安全已成为安全界关注的重点问题。

B.4 Web 应用安全问题产生的原因

Web 应用可以分为服务器端和客户端两部分。其中，服务器端通过 Web 服务支撑软件为客户端提供服务，客户端通过 Web 浏览器来访问 Web 程序，服务器端和客户端之间通过标准协议进行通信。本节从 Web 服务支撑软件、Web 程序、Web 浏览器以及 Web 协议几个方面来分析 Web 应用存在安全问题的原因。

1. Web 服务支撑软件

Web 服务支撑软件包括服务器操作系统、DBS、Web 服务运行平台等。其中，常见的 Web 服务平台有 Apache、IIS、Tomcat、WebSphere 和 WebLogic 等。如果这些服务支撑软件中存在安全隐患，可能被攻击者利用，从而影响 Web 应用的安全。

Web 服务支撑软件中，尤其是 Web 服务平台，安全隐患主要存在于两个方面，一方面是软件本身存在漏洞，另外一方面是软件本身没有明显漏洞，但存在配置缺陷。这两方面的安全隐患都能导致严重的安全后果。

（1）Web 服务支撑软件存在安全漏洞。

利用 Web 服务支撑软件的安全漏洞进行攻击一直是最常见的攻击方法之一。例如，著名的 IIS 5.0 超长 URL 拒绝服务漏洞，攻击者向存在漏洞的 Web 服务器提交"http://www.example.com/.......[25kb of'.']...ida"这样的 URL 就可能导致 Web 服务软件崩溃（导致拒绝服务攻击），或返回该文件不在当前路径的信息，从而暴露文件物理地址信息。

（2）Web 服务支撑软件存在配置缺陷。

Web 服务支撑软件自身的配置也是 Web 应用重要的安全隐患之一。实际上，即使软件本身设计和实现了完善的安全功能，也可能因为配置和使用不当而受到攻击。典型的配置不当和使用缺陷包括：软件使用默认的账户和口令、存在不必要的功能模块、明文存储口令和权限配置文件、过于集中的权限分配、用于启动程序的用户身份不合适等。

2. Web 程序

由程序员开发的 Web 应用程序，受开发人员的能力、意愿等方面因素的影响，可能会存在一些安全缺陷。这些缺陷包括程序 I/O 处理、会话控制、文件系统处理、日志处理及其他安全特性采用不足等。

（1）I/O 处理存在安全问题。

Web 应用系统是直接和用户进行交互的，交互过程中的输入信息有很大一部分来源于用户输入。对用户输入的内容进行有效验证是保障 Web 应用程序安全的第一道防线。一些较为严重的安全问题（如缓冲区溢出、跨站脚本、SQL 注入、命令注入等）都是由于在程序中没有对输入进行验证或没有进行有效性验证导致的。这些用户输入包括用户界面输入数据、命令行参数、配置文件、从数据库中检索的文件、环境变量、网络服务、注册表值、系统性能参数、临时文件等。

（2）会话控制不足。

Web 应用程序通过分析和响应用户的访问请求实现系统功能，在对用户进行身份认证后，按照用户级别为其分配相应的访问权限。如果不进行会话控制，如未加密会话、会话 ID

管理缺陷、缺乏超时退出及重新认证等,会导致 Web 应用存在较高的安全隐患。

(3) 文件系统管理。

Web 应用系统中的文件资源是攻击者实施攻击的重点目标之一,如果没有对文件系统进行有效的管理,可能会使攻击者非法访问到文件系统或者利用文件系统访问机制实施攻击。这些缺陷包括文件系统的访问控制不足(例如缺乏权限控制)、缺乏文件竞争条件控制、文件系统的输入值控制(文件名、文件内容)不足等。

(4) 不安全的用户访问处理机制。

不安全的用户访问处理机制将导致严重的后果,如对系统的未授权访问、用户信息的泄漏和篡改等。从用户访问的处理过程来看,此类安全隐患包括不完备的身份鉴别、访问控制和业务逻辑验证等。

(5) 日志管理不足。

日志文件能够记录应用程序在执行过程中都发生了什么,完善的日志条目包含的内容可以复原已经发生的一系列事件;调试文件信息可以告诉来访者出现意外情况时程序是如何处理的;文件目录则直接暴露了重要文件的存储地址。因此,文件系统的管理和控制是 Web 日常安全防护体系中的一个重点。日志管理不足的隐患包括缺乏应用日志、日志权限控制等。

3. Web 浏览器

Web 浏览器是 Web 应用的客户端,它通过 Web 访问协议连接服务器而取得网页,支持用户操作。常见的 Web 浏览器包括 Internet Explorer、Firefox、Opera 和 Safari 等。

与 Web 服务支撑软件一样,Web 浏览器也存在安全隐患。这些安全隐患如被攻击者利用,对 Web 用户实施攻击,可以消耗用户系统资源、非法读取用户本地文件、非法写入文件、在用户计算机上执行代码等后果。

在 Web 客户端缺陷中,Cookie 技术的缺陷广受抨击。Cookie 是为了辨别用户身份、进行 Session 跟踪而储存在用户本地终端上的数据,用于解决 HTTP 协议无状态的应用问题,是 HTTP 协议的补充。Web 服务器利用 Cookie 中的信息来判断 HTTP 传输中的状态,包括注册用户是否已经登录网站、是否保留用户信息简化以后操作等。但是,由于 Cookie 是存储在客户端计算机上的一小段文本信息,计算机用户可以随意查看存储在 Cookie 中的数据,并且 Cookie 中的内容在发送到服务器之前能够被用户更改。因此,Cookie 机制实际上严重影响到用户的隐私及安全,网站可以利用 Cookie 收集用户的访问记录,从而获得用户的包括身份、银行卡号等隐私数据。而通过伪造 Cookie,可以欺骗网站以其他用户的身份进行操作。

4. Web 协议

Web 浏览器主要通过 HTTP 协议连接 Web 服务器而取得网页。HTTP 协议定义了客户端和服务器端请求和应答的标准过程,目前最常用的 HTTP 协议是 HTTP/1.1,这个协议在 RFC2616 中被完整定义。

HTTP 协议在设计时仅仅考虑了实现相应功能,并没有安全相关的考虑。因此,协议的不足导致了大量的安全问题,包括拒绝服务、电子欺骗、嗅探等。

(1) 信息泄漏。

HTTP 协议使用简单的请求、响应模式进行数据传输。因此,在整个会话的过程中所有的数据都是以明文进行传输,这些传输的信息中可能包含敏感信息。如,用户进行 Web 登录验证的用户名和口令、向服务器提交的数据等。这使得攻击者很容易获得传输的信息，攻击者在 Web 会话的路径上对传输的数据进行嗅探，就可能获取这些数据。如图 B-2 所示，在嗅探到的 HTTP 会话数据中，可以看到用户向服务器提交的用户名和口令。

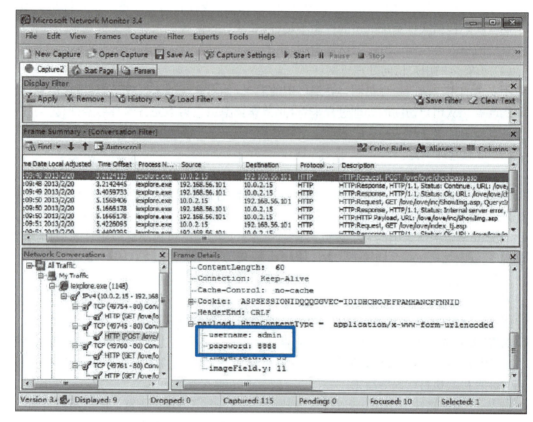

图 B-2　用户向服务器提交的用户名和口令

（2）弱验证。

由于互联网设计初衷是建立一个开放的网络平台，因此大量的互联网协议都没有足够强的身份验证机制。这些设计缺陷使得攻击者能实施一系列攻击，如 IP spoof、SYN Flood、会话劫持等。HTTP 协议也存在类似问题，HTTP 1.0 中仅提供简单的认证，由客户端提供一个用户名和密码以通过服务器验证获得响应。虽然在 HTTP 1.1 提供了摘要访问认证（Digest Access Authentication，DAA）机制，采用 MD5 将用户名、密码、请求包头等进行封装，但由于不提供对实体信息的保护，无法解决信息泄漏的问题。同时，DAA 机制存在密码产生、分配及存储等一系列安全隐患，它本身也易受到重放攻击、在线字典攻击等。

（3）缺乏状态跟踪。

HTTP 协议采取的请求、响应模式决定了它是一个无状态的协议。客户端在需要与服务器连接时才建立 TCP 连接，获取完连接数据后，TCP 连接就被断开，再次交换数据需要建立新的连接。因此，HTTP 协议不会维持一个持续的会话。Session 在一定程度上解决了 HTTP 协议无状态的不足，但也因此带来了相应的安全问题。对于已经验证过的用户，Session ID 就成为另外一种验证机制。攻击者如果能获取用户的有效会话 Session ID，就能以此用户相同的权限去操作 Web 应用，尽管他们不知道用户的账户和口令。

B.5 Web 程序安全开发要点

从 Web 架构和安全问题分析可以看出，Web 应用程序的安全性非常重要，这需要确保 Web 应用程序在开发时能从需求、设计、编码、测试以及发行等各个阶段加强安全性考虑，即软件安全开发的内容，读者可以从本书第 10 章中找到更为详细的内容。而有关 SQL 注入、XSS 攻击的编码问题和解决办法，读者可以从本书第 9 章中找到具体的描述。本节仅从 Web 应用程序的特殊性出发，在 Web 应用程序编码方面提出一些需要注意的地方。

1. 输入/输出验证

如前所述，注入攻击和 XSS 攻击是 Web 应用中非常严重的安全威胁，因此，在 Web 应用程序编码时应当加强对 I/O 的验证，尤其是来自用户的输入数据。Web 应用程序应假设所有的用户输入都是安全，严格对输入数据的类型、长度、格式、范围进行验证。

2. 最小特权

对应用程序运行需要的权限进行核实，确认其工作所需的最小权限，然后让程序以最小特权运行。对用户完成操作所需要的权限也进行核实，给予应用系统用户最小特权。避免由于系统漏洞导致的权限滥用和误操作对系统造成的损害。例如，不要以系统管理员的权限运行 Web 应用程序、对配置文件属性设置为只读等。

3. 会话加密

Web 应用程序应对会话进行控制，采用 SSL 对会话过程进行加密，确保创建安全的会话通道，并且确保身份验证 Cookie 在加密的会话中传递。如果不采用加密的会话连接，那么应该尽量限制会话的 Cookie 的有效期。

4. 文件系统控制

Web 应用程序应对本地重要文件进行控制，控制措施包括对重要文件的访问限制，修改文件名的访问权限限制等。例如，对于应用程序的配置文件，应尽量避免使用熟知的默认命名方式，避免攻击者通过猜测文件名来访问文件；也可采用设置配置文件的访问权限避免非法访问等。

5. 身份验证

用户账号信息是用户身份验证的凭据，如果身份验证机制存在缺陷，攻击者就可能利用这些缺陷访问系统。在 Web 应用程序中，可以考虑对 Cookie 设置超时，避免 Cookie 重放攻击，也可以考虑对 Cookie 加密传输。

B.6 Web 服务运行平台安全配置

1. IIS 安全配置参考

互联网信息服务（Internet Information Services，IIS）是常用的 Web 服务运行平台之一，

不仅提供了 Web 服务,还提供了 FTP 服务。IIS 是由微软公司开发,运行在 Microsoft Windows 系统中,早期随 Windows NT 发行,包括在 Windows NT 3.51、Windows NT 4 等各种版本的可选包中,随后内置在 Windows 2000、Windows XP Professional 和 Windows Server 2003 中一起发行。现在 Windows Server 2008 中集成的 IIS 版本号为 7。

相对于 IIS 6 而言,IIS 7 的安全性和实用性都经过了重新设计和整合。IIS 7 支持了多种安全机制,从管理控制台访问权限控制,到站点和目录的访问权限设置,从身份验证到传输加密,同时配合 Windows 下的各种安全机制,可以大大提升服务器和站点的安全级别。为更好地使用 IIS 7 的安全功能,下面简要说明 IIS 7 的安全配置要点。

(1) 配置身份验证。

Web 服务器的主要功能就是为用户提供信息发布和查询平台,因为信息面向的对象不同,所以需要对访问用户进行控制,通过设置适当的身份证验证方式即可实现。例如,如果信息面向所有用户,则可以使用匿名身份验证;如果某些内容只应由选定的用户查看,则必须配置相应的 NTFS 的权限,以防止匿名用户访问这些内容;如果希望只允许注册用户查看选定的内容,应该为这些内容配置要求提供用户名和口令的身份验证方法,如基本身份验证或摘要式身份验证。IIS 7 中支持匿名身份访问、不加密的基本身份验证、摘要式身份验证、Windows 身份验证、Forms 表单身份验证以及数字证书验证等。

(2) 配置地址和域名访问规则。

在 IIS 7 中,默认情况下所有 IP 地址、计算机和域都可以访问 Web 服务。在某些情况下,可以设置一定的地址和域名访问规则,包括设置允许访问的地址、域名和设置不允许访问的地址、域名,以增强 Web 服务的安全性。如,在内网的一台 IIS 服务器上,可以设置仅仅允许内部某些用户访问该站点,而互联网(外网)用户和内部其他用户不能访问该站点。

在 IIS 7 中配置地址和域名访问规则的功能,可以通过"Internet 信息访问(IIS)管理器"进行,对要设置访问限制的网站,在"功能视图"中选择"IPv4 地址和域限制"进行设置。如果只允许指定地址访问网站,单击"添加允许条目"。如果想拒绝某些地址访问网站,单击"添加拒绝条目"。

(3) 配置 SSL 安全。

SSL 安全功能可以通过传输信息加密,实现 Web 客户端与 Web 服务器端的安全传输,避免数据被中途截获或篡改。对于安全性要求很高的交互性 Web 网站,建议采用 SSL 加密方式。若想实现 SSL 通信,Web 服务器应当拥有有效的服务器证书。

IIS 7 支持为服务器配置服务器证书,管理员可以在 IIS 7 安装时创建证书,也可以在 IIS7 安装完成后导入已有证书。

(4) 配置 URL 授权规则。

在 Web 服务中,有时需要设置允许或拒绝特定计算机、计算机组或域访问 Web 服务器上的页面、应用程序、目录或文件。例如,Web 服务器不仅运行了只应由财务或人力资源的成员查看的内容,还运行了公司所有员工均可访问的内容。那么,可以通过配置 URL 授权规则,来防止不是这些指定组成员的员工访问那些受限内容。

在 IIS 7 中要配置 URL 授权规则,可以打开"Internet 信息访问(IIS)管理器",对要设置访问限制的网站,在"功能视图"中选择"授权规则"图标,然后通过"添加允许规则"、"添加拒绝规则",或者编辑和删除已经建立的规则。如图 B-3 表示"添加拒绝授权规则"。

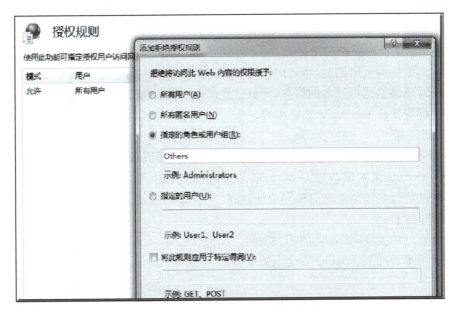

图 B-3　IIS 中配置 URL 授权规则

2. Apache 安全配置参考

Apache HTTP Server(简称 Apache,中文名为阿帕奇),是 Apache 软件基金会的一个开放源码的 Web 服务运行平台,可以在包括 Windows、Linux、UNIX 等操作系统中运行,是最流行的 Web 服务器端软件之一。对于 Apache 来讲,主要的安全配置要点包括以下方面。

(1) 只安装所需要的组件。

Apache 的一个最大的特点就是灵活性高,有大量的可选择安装模块,但涉及安全问题时,这又成为一个弱点。用户应根据所部署应用的要求和安全需求,选择安装那些必需的 Apache 组件。如,只想采用静态的 Web 站点,而不使用 CGI,则可以选择不安装 CGI 组件。

(2) 隐藏 Apache 版本。

Apache 默认会反馈给客户端自己的软件名和版本号,通常可以得到类似"apache/1.37Server at apache.linuxforum.net Port 80"或"apache/2.0.49(unix)PHP/4.3.8"的信息。为了提高 Apache 的安全性,可以把其软件名和版本信息隐藏起来。隐藏版本信息,可以通过修改配置文件 http.conf 中的 ServerTokens 和 ServerSignature 参数来完成。

(3) 修改 Apache 的运行用户。

不使用 root 用户或系统管理员身份运行 Apache,而是采用专用的用户账号来运行,如使用 Apache 账号,并且将该账号设置为不具有 Shell 权限。在 Linux 下,修改运行账号的名称也是通过修改配置文件 http.conf 来完成。

(4) 禁用目录浏览。

在目录浏览被启用时,攻击者可以访问到一个并不包含其所需要文档的目录,会看到此目录中完整的内容列表。这是不安全的,应当禁用这个特性。可以通过编辑 http.conf 文件来完成。

(5) 设置每个连接的最大请求数。

修改 MaxKeepAliveRequests,默认的值为 100,意思是如果同时请求数达到 100 就不再响应这个连接的新请求,保证了系统资源不会被某个连接大量占用。但是在实际配置中可能会要求把这个数值调高来获得较高的系统性能,此时需要在系统性能和稳定安全性之间做出适当平衡。

(6) 使用错误机制保护出错页面。

当用户浏览的网页出错时,将转向错误页面,在 Apache 中应当建立专门的错误页面,防止应用出错时反馈给用户过多的信息,导致信息泄漏。使用错误机制保护出错页面功能,也是通过修改配置文件 http.conf 来完成的。

(7) DoS 防范。

Web 服务经常会碰到 DoS 攻击,在使用 Apache 时,可以通过软件 Apache DoS Evasive Maneuvers Module 来实现,它是一款 mod_access 的代替软件,可以在一定程度上对抗 DoS 攻击。该软件可以快速拒绝来自相同地址对同一 URL 的重复请求。

(8) 勤打补丁。

管理员要经常关注 Apache 的相关漏洞,及时升级 Apache 系统,下载最新补丁文件。使用最新安全版本对加强 Apache 安全至关重要。

B.7 IE 浏览器安全配置参考

IE 是 Internet Explorer 的简称,原称 Microsoft Internet Explorer。IE 是微软公司推出的一款 Web 浏览器,也是近年来市场占有率较高的浏览器。目前,常用的版本是 IE 8 和 IE 9,本节介绍 IE 9 浏览器的一些常用安全配置,其中大部分安全设置适用于从 IE 6 开始的多个版本。

1. 设置适当的浏览器安全级别

IE4.0 版本引入了安全区域这个概念。它是把不同的站点和网络分成不同的组,并可以对这些组进行不同的安全配置。在 IE 中有四个安全区域,即 Internet、本地 Intranet、受信任的站点、受限制的站点。用户可以将各个不同站点划分到上述四个安全区域的一个(默认是在 Internet 中),并采取相应的安全策略。如果你确信某个站点是安全的,那么可以将该站点添加到受信任站点列表中,允许该站点正常工作。

2. 设置 Cookie 安全

Cookie 是储存在用户计算机硬盘上的小文本文件。这个文件保存了用户信息和所访问站点的详细信息。大多数的站点都使用了 Cookie 技术来保存访问者的信息以方便将来使用。但是值得注意的是,Cookie 也同时给用户带来了安全风险。它可以被用户和生成 Cookie 的站点读取,而某些网站或恶意代码会在未经用户许可、甚至在用户不知晓的情况下,窃取 Cookie,导致敏感数据泄漏,甚至能被攻击者假冒用户登录某些网站。

IE 9 在 Internet 选项中,隐私选项卡中允许进行多种级别的隐私设置,包括阻止所有 Cookie、高、中高、中、低和接受所有 Cookie 等,如图 7-4 所示。用户可以根据使用环境和组织安全策略,做适当的配置。如果希望删除 Cookie,可以选择"Internet 选项"的"常规"栏下的"浏览历史记录"下的"删除"按钮。

3. 启用"内容审查程序"等内容过滤设置

互联网无所不包的内容让它成为了学习知识及开阔视野的最佳途径,但是其中也存在少数包含不健康信息的网站。正是这个原因,需要对互联网内容进行过滤。

在众多过滤不良信息的方案中,使用 IE 提供的"分级审查"功能是最简单的办法。通过使用"Internet 选项"下的"分级审查",可以提供一个允许访问的特定 Web 站点的列表,并禁止访问其他站点。它能够帮助用户控制在互联网上访问的网站内容及类型,并通过对某一类型网站的禁止达到过滤的目的。

4. ActiveX 控件安全设置

使用 ActiveX 控件可轻松方便地在 Web 页中插入多媒体效果、交互式对象以及复杂程序等对象,以丰富 Web 程序的功能。但是由于 ActiveX 控件具有客户端的文件读写、系统命令执行等权限,所以恶意的 ActiveX 控件对客户端的危害极大。

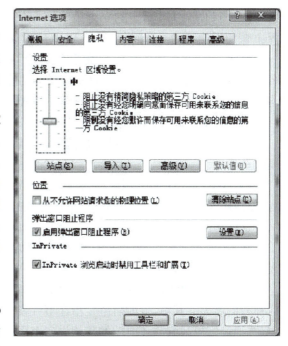

图 B-4　IE 中设置 Cookie

IE 中可以针对 ActiveX 控件的下载、使用进行控制,包括设置只能使用经过签名的、安全的 ActiveX 控件等功能。该功能可以通过单击"Internet 选项"的"安全"栏下的"自定义级别"按钮来进行。

5. 禁用自动完成和口令记忆功能

为便于用户使用,IE 提供的自动完成功能,能自动记忆用户输入过的 Web 地址和表单,包括表单中的用户名和口令信息。当用户输入过一次后,下次打开同一网页时,只要输入第一个字母,IE 会自动填写出完整的用户名和口令。因此,该自动完成功能存在泄密的危险。需要谨慎设置。选择"Internet 选项"的"内容"栏下的"自动完成"旁的"设置"按钮可以设置自动完成功能。

B.8　Web 安全防护产品介绍

目前市面上有一些专用的 Web 安全威胁防护产品,这些产品的主要功能是在 Web 应用层识别攻击、发现恶意代码、保护 Web 应用安全。本节将简要介绍 Web 防火墙和网页防篡改两个产品的主要功能。

1. Web 应用防火墙

Web 应用防火墙(Web Application Firewall,WAF),也称 Web 防火墙,是指通过执行一

系列针对 HTTP/HTTPS 的安全策略来专门为 Web 应用提供保护的一类产品,用以解决 Web 应用层出现的安全问题,保护 Web 应用通信流和所有相关的应用资源免受攻击。

目前,对于 WAF 还没有准确定义。在产品方面,由于 Web 应用的特殊性,当前有很多名为 WAF 的产品。总体来说,这些产品的功能较多,典型的是集 Web 防护、网页保护、负载均衡于一体的 Web 整体安全防护设备。WAF 的常见功能包括如下几种。

(1) 审计功能:用来截获所有 HTTP 数据或者仅仅允许满足某些规则的会话;

(2) 访问控制:用来对 Web 应用的访问进行控制,既包括主动安全模式也包括被动安全模式;

(3) Web 应用加固:用来增强被保护 Web 应用的安全性,它不仅能够屏蔽 Web 应用固有弱点,还能够保护 Web 应用编程错误导致的安全隐患。

这些功能可能全部或部分地包含到当前的一些 WAF 中。

WAF 一般部署在 Web 服务器和接入网之间,且为串行接入。如果网络中还存在网络防火墙,则 WAF 一般部署在网络防火墙之后 Web 服务器之前。

目前,部分 WAF 产品能够参与到安全事件发生的全过程,具备事前预防、事中防护、事后补救的能力。其中,事前防范是指在事件发生之前通过主动扫描检测 Web 系统来发现漏洞,并通过修复漏洞或在前端的防护设备上添加防护规则等积极主动手段来预防事件发生;事中防护是指防护 Web 应用的各种威胁,能有效解决网页挂马、敏感信息泄漏等安全问题,充分保障 Web 应用的可用性、可靠性;事后补救则是指即使 Web 服务器被攻陷了,也具备网页防篡改的能力,让攻击者不能破坏重要数据。

此外,部分 WAF 采用白名单机制,即根据实际情况(如数据流向、应用的业务逻辑、用户访问习惯等)建立安全规则,只有符合安全规则的输入,WAF 才予以放行。有的 WAF 还可以和其他安全产品进行互动,如,与 Web 安全扫描产品结合,Web 的扫描结果可以形成 WAF 的防护规则。

2. 网页防篡改产品

网页防篡改产品出现在 Web 早期发展阶段,并随着 Web 技术的发展而逐渐发展。网页防篡改技术的基本原理是对 Web 服务器上的页面文件进行监控,发现有恶意更改就及时恢复原状,以防止来自外部或内部的非授权人员对页面和内容进行篡改。

网页防篡改系统可以用于 Web 服务器,也可以用于中间件服务器,目的都是保障网页文件的完整性。网页防篡改系统会建立一台单独的管理服务器,然后在每台 Web 服务器上安装一个 Agent 程序,负责该服务器中站点文件的看护,其中,管理服务器主要是管理这些 Agent 程序的看护策略。

网页防篡改产品的技术原理主要有以下类型。

(1) 定时循环技术:把 Web 服务器主目录下的文件做一个备份,用一个定时循环进程,把备份的文件与服务使用的文件逐个进行比较,如果发现不一样,就用备份文件去覆盖。网站更新发布的同时更新主目录的备份。这种方法不适用于大型站点,因为大型站点页面数量巨大,备份时扫描时间过长,并会占用大量 Web 服务器资源。

(2) 摘要循环技术:采用了哈希算法,对 Web 服务器主目录下的每个文件做哈希,生成该文件的哈希值。摘要循环进程直接计算文件的哈希值,并与原哈希值进行核对。该技术便于使用,仅占用较小的附加空间,而且哈希值具有不可逆的特点,不容易假冒。

(3) 事件触发技术:在权衡文件访问量、读取和修改操作的危险程度的基础上,开启一个看守进程,对 Web 服务器的主目录文件删改操作进行监控,发现有此操作行为,判断用户是否具有合法身份并被授权进行维护操作,若无合法身份或未被授权则阻断其执行,文件不被改写,也就起到了网页防篡改的目的。由于只有文件被改变时才作检查,因此该技术大大降低了对服务器资源的占用。

(4) 底层过滤技术:防篡改产品直接调用 Windows 系统中所提供的系统级的目录文件修改看护进程,或者利用操作系统自身的文件安全保护功能,对主目录文件进行锁定,只允许站点发布系统修改文件,其他系统进程不允许修改。

网页防篡改系统虽然可以很好的保护静态页面,但无法对动态页面实施保护,因为动态页面是用户访问时生成的,内容与数据库相关。很多 SQL 注入攻击就是利用这个漏洞来入侵 Web 服务器的。有些网页防篡改产品也在其内部提供了一个 IPS 软件模块,用来阻止来针对 Web 服务的 SQL 注入、XML 注入攻击。

B.9 电子邮件安全

1. 电子邮件客户端安全配置

黑客和病毒编写者通过发送恶意电子邮件或诱使用户访问邮件中的恶意网站来实现攻击。这里以 Office Outlook 和 Outlook Express 为例,介绍一些通用的电子邮件的安全设置方法。

(1) 防止非法打开或下载的设置方法。

很多电子邮件客户端产品均有这种选项。这里以 Outlook Express 6 为例来看一下该选项的配置,如图 B-5 所示。

打开 Outlook Express 6 的选项设置,在"安全"选项卡的"病毒防护"中,选择"受限站点区域(较安全)",同时勾选"当别的应用程序试图用我的名义发送电子邮件时警告我"复选框、"不允许保存或打开可能有病毒的附件"复选框、"阻止 HTML 电子邮件中的图像和其他外部内容"复选框等。

(2) 禁用预览窗口。

Office Outlook 和 Outlook Express 有一个预览窗格,它可以分屏显示电子邮件,一半显示用户所有的电子邮件,另一半显示用户所选定邮件的内容。这个特征使得用户只要从邮件列表中选择一

图 B-5 Outlook Express 中设置安全选项

封邮件就能阅读它,而不用通过双击来打开它,邮件中的图片被下载并显示出来,当电子邮件中存在恶意程序或病毒时,预览功能会使恶意程序脚本被运行,病毒被激活,垃圾邮件被打开。因此,从安全角度出发,建议禁用预览窗格。

(3) 以纯文本形式阅读电子邮件。

某些电子邮件信息是以 HTML 形式创建的,其内容包括图片或图像,这类电子邮件的问题是它可能隐藏病毒或恶意代码。从安全方面考虑,可以设置 Outlook 以纯文本格式显示电子邮件。

(4) 垃圾邮件/钓鱼邮件/哄骗邮件防护。

垃圾邮件不仅仅占用邮箱空间、干扰正常工作内容,并极可能含有病毒,而且某些邮件具有欺骗性,带有钓鱼网站的链接。建议用户不要打开垃圾邮件,单击垃圾邮件链接,启用网络接入运营商的垃圾邮件过滤器。

2. 电子邮件服务器端安全配置

电子邮件安全协议增强了身份认证和数据传输加密。安全多用途互联网邮件扩展 (Secure Multipurpose Internet Mail Extension,S/MIME) 基于 RSA 数据安全技术,是 MIME Internet 电子邮件格式标准的安全扩充。S/MIME 认证机制依赖于层次结构的证书认证机构,整个信任关系基本是树状的,信件内容加密签名后作为特殊的附件传送,它的证书格式采用 X.509。

应确保服务器软件安装最新的安全补丁,并对服务器进行安全配置,如关闭开放式转发功能,对域名进行反向验证、对请求的用户进行身份验证。

B.10　FTP 安全

文件传输协议(File Transfer Protocol,FTP)是在网络上进行文件传输的一套标准协议,用于控制 Internet 上文件的双向传输。用户可以通过它把自己的 PC 机与世界各地所有运行 FTP 协议的服务器相连,访问和下载服务器上的资源。

TCP/IP 中,FTP 服务一般运行在 20 和 21 两个端口。FTP 标准命令的 TCP 端口号为 21,Port 方式数据端口为 20。端口 20 用于在客户端和服务器之间传输数据流,而端口 21 用于传输控制流,并且是命令通向 FTP 服务器的进口。当数据流传输时,控制流处于空闲状态。而当控制流空闲很长时间后,客户端的防火墙会将会话置为超时,这样当大量数据通过防火墙时,会产生一些问题。此时,虽然文件可以成功的传输,但因为控制会话会被防火墙断开,传输会产生一些错误。

FTP 协议的任务是将文件从一台计算机传送到另一台计算机,它与这两台计算机所处的位置、连接的方式,甚至是否使用相同的操作系统无关。假设两台计算机通过 FTP 协议对话,并且能访问 Internet,可以用 FTP 命令来传输文件。在每种操作系统使用上有些细微差别,但是每种协议基本的命令结构是相同的。FTP 的主要作用就是让用户连接上一个远程计算机(这些计算机上运行着 FTP 服务器程序),查看远程计算机有哪些文件,然后把文件从远程计算机上拷贝到本地计算机,或把本地计算机的文件传送到远程计算机去。

FTP 作为互联网上广泛使用的文件传输协议,随着其安全问题不断暴露,应用的范围正在逐渐减少。FTP 主要的安全问题包括以下两个方面。

(1) FTP 支持"代理 FTP"机制,即服务器间交互模型,支持客户建立一个 FTP 控制连接,然后在两个服务器间传送文件。同时,FTP 规范中对使用 TCP 的端口号没有任何限制,而从 0~1023 的 TCP 端口号保留用于网络服务。所以,通过"代理 FTP",客户可以命令 FTP 服务器攻击任何一台机器上的服务。

(2) 在 FTP 标准中,FTP 服务器允许无限次地输入口令,这使得攻击者可以对 FTP 服务器进行口令暴力破解。FTP 服务器认证命令"pass"使用明文传输口令。

由于 FTP 协议的固有缺陷,对于 FTP 应用安全应优先考虑 FTP 服务中的口令安全,可在服务器中设置策略,限制尝试登录次数,还可以使用其他技术对会话进行加密,避免口令在传输过程中泄漏。还可以设置安全策略。例如,将 FTP 账户与系统账户分离,限制最大连接数,限制发起连接的地址等方式,增强 FTP 应用的安全性。

Telnet 是一种 Internet 远程终端访问标准。它真实地模仿远程终端,但是不具有图形功能,它仅提供基于字符应用的访问。Telnet 允许为任何站点上的合法用户提供远程访问权,而不需要做特殊的约定。这个协议包括处理各种终端设置,如原始模式与字符回显等。

传统的 Telnet 服务本身存在很多的安全问题,主要表现在以下几个方面:

(1) 明文传输信息;
(2) 没有有效认证过程;
(3) 没有完整性检查;
(4) 传送的数据没有加密。

目前可以使用一些更安全的远程管理技术,例如,Windows 使用的远程终端技术和用于取代 Telnet 的 SSH。使用 SSH 可以把所有传输的数据进行加密,而且能够防止 DNS 欺骗和 IP 欺骗,还可以压缩传输的数据,提高传输的速度。

B.11 域名应用安全

域名系统(Domain Name System,DNS)是互联网的基础,Web 服务、电子邮件服务等都需要 DNS 作为支撑。因此,DNS 的安全关系到整个互联网能否正常使用。DNS 是一个非常庞大、复杂的分布式 DBS,由于设计初期对安全性考虑不足,DNS 系统存在很多安全缺陷。对 DNS 的攻击方式包括拒绝服务攻击、DNS 欺骗等,相关技术参见第 9 章。

DNS 安全防护措施主要包括如下内容。

(1) 确保提供 DNS 服务的软件升级到最新的版本或安装了最新的安全补丁;
(2) 对 DNS 进行安全配置,关闭 DNS 服务递归功能,限制域名服务器做出响应的地址,限制域名服务器做出响应的递归请求地址,限制发出请求的地址。

B.12　Office 字处理程序安全防护要点

常见的字处理软件有微软公司的 Office 和 Acrobat PDF 软件。在 Word 和 PDF 文档里除了表面可见内容外，还会隐藏某些信息，如编辑作者、编辑时间、来源及修订过的内容等。其中有些信息可能是作者并不愿意泄漏出去的，可以从以下三个方面加强办公软件的安全。

1. 使用最新的软件版本与补丁

像 Windows 操作系统一样，微软办公软件也同样需要进行更新，安装最新的安全补丁。

2. 使用最新版本软件提供的新安全功能

在保存文档时，可以通过设置自动删除个人信息，避免在分发原始文档时包含不必要的信息。以 Office 为例，可以按照如下步骤进行。

（1）在"工具"菜单下，单击"选项"。

（2）"安全性"选项卡中，单击选择"保存时，个人信息将从文档属性中删除个人信息"，这样在保存时，个人信息将从文件属性中删除。检查时，文件属性对话框中大多数的信息都被移除。

（3）选择"打印、保存或发送包含修订或批注的文件之前进行警告"，当对文档进行打印前，该选项命令 Word 显示警告信息。

（4）选择"打开和保存时标记可见"，能使打开或保存文件时看见发生的改变。

3. 把 Office 文档先转换成 PDF 文档再发布

将 Office 文档发布给伙伴公司或他人时，使用原格式发布，不仅存在原文件容易被他人修改的风险和版权控制方面

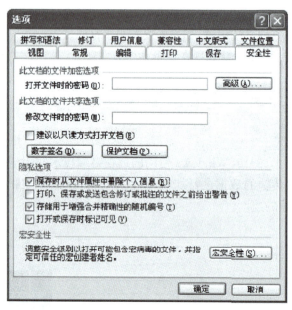

图 B-6　Microsoft word 中安全属性设置

的难题，同时，Office 文档中原来隐藏的大量信息，如原作者个人信息、文档修改信息、文档属性信息等会被他人看到。因此，应当将 Office 文档转换格式后再发布。

在技术上，可以将 Office 文档转换为 TXT、图片、PDF 等格式文档再发布。其中，转换为 PDF 格式文档是一个较好的选择。一方面 PDF 文件格式丰富，可以最大限度地保留原有 Office 文档的格式，同时去除了 Office 文档中的隐藏信息；另一方面，PDF 格式文档也可以设置较为严格的文档拷贝、打印和修改等权限。

在 Word 2007 和 Word 2010 中，可以使用 Word 本身自带的"另存为"功能，并选择输出格式为 PDF 后，即可以生成 PDF 格式的文档。在 Word 2003 及更早的版本中，Word 自身不带 PDF 格式转换工具，可以使用一些第三方转换工具。

B.13 即时通信软件安全防护要点

即时通信(IM)软件,如 QQ、微信,在使用时需要注意以下安全问题。

(1) 只向认识的人发送消息,不要随意和任何人进行通信,以防止恶意分子的入侵企图。

(2) 禁止陌生人发送消息,配置 IM 软件,禁止来自通讯簿以外的人发送消息,具体的操作步骤请参考软件的相关帮助。

(3) 保护你的私人信息,尽可以减少透露私人信息。

(4) 不要单击即时消息里的链接,它可能连接到感染病毒或蠕虫的站点上。

(5) 不要轻易打开附件,如果附件里面含有新病毒,就可能绕过反病毒软件的扫描,进入用户计算机。

(6) 避免在公共场所使用自动登录功能,当用户在公共场合使用 IM 软件时,建议不要使用自动登录功能,以避免一些人偶然或故意地登入合法用户账号。

(7) 离开或不用时,不要忘了退出 IM 软件的登录。

思考题

1. Web 应用安全主要面临的安全风险有哪些?
2. 我国等级保护相关规范中,对于应用安全是如何要求的?
3. 选取自己单位的一个应用系统,分析其面临的安全威胁,并说明如何增强该系统的安全性。